上海市职业教育"十四五"规划教材
世界技能大赛项目转化系列教材

U0603436

工业控制

Industrial Control

主　编◎万　军

副主编◎张　蕊　郑　昊　马东玲

上海教育出版社
SHANGHAI EDUCATIONAL
PUBLISHING HOUSE

世界技能大赛项目转化系列教材
编委会

主　任：毛丽娟　张　岚

副主任：马建超　杨武星　纪明泽　孙兴旺

委　员：（以姓氏笔画为序）

马　骏　卞建鸿　朱建柳　沈　勤　张伟罡

陈　斌　林明晖　周　健　周卫民　赵　坚

徐　辉　唐红梅　黄　蕾　谭移民

序

　　世界技能大赛是世界上规模最大、影响力最为广泛的国际性职业技能竞赛，它由世界技能组织主办，以促进世界范围的技能发展为宗旨，代表职业技能发展的世界先进水平，被誉为"世界技能奥林匹克"。随着各国对技能人才的高度重视和赛事影响不断扩大，世界技能大赛的参赛人数、参赛国和地区数量、比赛项目等都逐届增加，特别是进入 21 世纪以来，增幅更加明显，到第 45 届世界技能大赛赛项已增加到六大领域 56 个项目。目前，世界技能大赛已成为世界各国和地区展示职业技能水平、交流技能训练经验、开展职业教育与培训合作的重要国际平台。

　　习近平总书记对全国职业教育工作作出重要指示，强调加快构建现代职业教育体系，培养更多高素质技术技能人才、能工巧匠、大国工匠。技能是强国之基、立国之本。为了贯彻落实习近平总书记对职业教育工作的重要指示精神，大力弘扬工匠精神，加快培养高素质技术技能人才，上海市教育委员会、上海市人力资源和社会保障局经过研究决定，选取移动机器人等 13 个世赛项目，组建校企联合编写团队，编写体现世赛先进理念和要求的教材（以下简称"世赛转化教材"），作为职业院校专业教学的拓展或补充教材。

　　世赛转化教材是上海职业教育主动对接国际先进水平的重要举措，是落实"岗课赛证"综合育人、以赛促教、以赛促学的有益探索。上海市教育委员会教学研究室成立了世赛转化教材研究团队，由谭移民老师负责教材总体设计和协调工作，在教材编写理念、转化路径、教材结构和呈现形式等方面，努力创新，较好体现了世赛转化教材应有的特点。世赛转化教材编写过程中，各编写组遵循以下两条原则。

原则一，借鉴世赛先进理念，融入世赛先进标准。一项大型赛事，特别是世界技能大赛这样的国际性赛事，无疑有许多先进的东西值得学习借鉴。把世赛项目转化为教材，不是简单照搬世赛的内容，而是要结合我国行业发展和职业院校教学实际，合理吸收，更好地服务于技术技能型人才培养。梳理、分析世界技能大赛相关赛项技术文件，弄清楚哪些是值得学习借鉴的，哪些是可以转化到教材中的，这是世赛转化教材编写的前提。每个世赛项目都体现出较强的综合性，且反映了真实工作情景中的典型任务要求，注重考查参赛选手运用知识解决实际问题的综合职业能力和必备的职业素养，其中相关技能标准、规范具有广泛的代表性和先进性。世赛转化教材编写团队在这方面都做了大量的前期工作，梳理出符合我国国情、值得职业院校学生学习借鉴的内容，以此作为世赛转化教材编写的重要依据。

原则二，遵循职业教育教学规律，体现技能形成特点。教材是师生开展教学活动的主要参考材料，教材内容体系与内容组织方式要符合教学规律。每个世赛项目有一套完整的比赛文件，它是按比赛要求与流程制定的，其设置的模块和任务不适合照搬到教材中。为了便于学生学习和掌握，在教材转化过程中，须按照职业院校专业教学规律，特别是技能形成的规律与特点，对梳理出来的世赛先进技能标准与规范进行分解，形成一个从易到难、从简单到综合的结构化技能阶梯，即职业技能的"学程化"。然后根据技能学习的需要，选取必需的理论知识，设计典型情景任务，让学生在完成任务的过程中做中学。

编写世赛转化教材也是上海职业教育积极推进"三教"改革的一次有益尝试。教材是落实立德树人、弘扬工匠精神、实现技术技能型人才培养目标的重要载体，教材改革是当前职业教育改革的重点领域，各编写组以世赛转化教材编写为契机，遵循职业教育教材改革规律，在职业教育教材编写理念、内容体系、单元结构和呈现形式等方面，进行了有益探索，主要体现在以下几方面。

1. 强化教材育人功能

在将世赛技能标准与规范转化为教材的过程中，坚持以习近平新时代中国特色社会主义思想为指导，牢牢把准教材的政治立场、政治方向，把握正确的价值导向。教材编写需要选取大量的素材，如典型任务与案例、材料与设备、软件与平台，以及与之相关的资讯、图片、视频等，选取教材素材时，坚定"四个自信"，明确规定各教材编写组，要从相关行业企业中选取典型的鲜活素材，体现我国新发展阶段经济社会高质量发展的成果，并结合具体内容，弘扬精益求精的工匠精神和劳模精神，有机融入中华优秀传统文化的元素。

2. 突出以学为中心的教材结构设计

教材编写理念决定教材编写的思路、结构的设计和内容的组织方式。为了让教材更符合职业院校学生的特点，我们提出了"学为中心、任务引领"的总体编写理念，以典型情景任务为载体，根据学生完成任务的过程设计学习过程，根据学习过程设计教材的单元结构，在教材中搭建起学习活动的基本框架。为此，研究团队将世赛转化教材的单元结构设计为情景任务、思路与方法、活动、总结评价、拓展学习、思考与练习等几个部分，体现学生在任务引领下的学习过程与规律。为了使教材更符合职业院校学生的学习特点，在内容的呈现方式和教材版式等方面也尝试一些创新。

3. 体现教材内容的综合性

世赛转化教材不同于一般专业教材按某一学科或某一课程编写教材的思路，而是注重教材内容的跨课程、跨学科、跨专业的统整。每本世赛转化教材都体现了相应赛项的综合任务要求，突出学生在真实情景中运用专业知识解决实际问题的综合职业能力，既有对操作技能的高标准，也有对职业素养的高要求。世赛转化教材的编写为职业院校开设专业综合课程、综合实训，以及编写相应教材提供参考。

4. 注重启发学生思考与创新

教材不仅应呈现学生要学的专业知识与技能，好的教材还要能启发学生思考，激发学生创新思维。学会做事、学会思考、学会创新是职业教育始终坚持的目标。在世赛转化教材中，新设了"思路与方法"栏目，针对要完成的任务设计阶梯式问题，提供分析问题的角度、方法及思路，运用理论知识，引导学生学会思考与分析，以便将来面对新任务时有能力确定工作思路与方法；还在教材版面设计中设置留白处，结合学习的内容，设计"提示""想一想"等栏目，起点拨、引导作用，让学生在阅读教材的过程中，带着问题学习，在做中思考；设计"拓展学习"栏目，让学生学会举一反三，尝试迁移与创新，满足不同层次学生的学习需要。

世赛转化教材体现的是世赛先进技能标准与规范，且有很强的综合性，职业院校可在完成主要专业课程的教学后，在专业综合实训或岗位实践的教学中，使用这些教材，作为专业教学的拓展和补充，以提高人才培养质量，也可作为相关行业职工技能培训教材。

编委会

2022 年 5 月

前　言

一、世界技能大赛工业控制项目简介

世界技能大赛工业控制（Industrial Control）属于"制造与工程技术"大类比赛项目，项目编号为 19。我国于 2010 年加入世界技能组织，于 2015 年第 43 届世界技能大赛第一次参加工业控制项目比赛，在 2017 年于阿布扎比举行的第 44 届世界技能大赛中，我国选手在该项目比赛中首次获得金牌。

工业控制项目是指根据一个（或部分）工业流程做出的模拟解决方案，进行电气设备和工业自动化元件的安装以及程序设计与调试的竞赛项目。工业控制项目主要包含工业控制设备元件安装、工业控制自动化功能实现两部分，内容主要有：（1）电气设备元件、传感器元件、变频装置、自动化设备和控制核心的安装与调试；（2）配置自动化控制核心硬件并编制相应的控制程序；（3）电气控制电路原理图设计和功能改进；（4）电气装置故障检测与定位。

世赛工业控制项目共设置电路设计和改进、电气控制柜制作、工业控制对象安装、工业控制功能实现以及电气设备故障检测 5 个模块。比赛中对选手的技能要求主要包括：（1）进行电气及自动化设备的安装与测试，搭建工业控制中心；（2）编写控制程序，配置人机界面并完成系统调试；（3）为电气及自动化设备设计控制原理图并设置参数；（4）利用工具和仪表诊断电气与自动化设备中出现的故障并进行定位和分类。

工业控制项目涵盖了与工业控制技术相关的多方面知识与技能要求，既有控制电路设计，也有工业控制对象安装，以及控制程序编制与调试、电气设备故障检测等，体现了该项目的技能复合性与技术交叉性。工业控制项目的世赛标准规范文件（WSSS）规定了工业控制技术和职业最高国际水平所需的知识、理解力和具体技能，反映了全球范围对该行业这份工作和职位的理解。

二、教材转化路径

从世赛项目到教材的转化，主要遵循两条原则，一是教材编写要依据世赛的职业技能标准和评价要求，确定教材的内容和每单元的学习目标，充分体现教材与世界先进标准的对接，突出教材的先进性和综合性；二是教材编写要符合学生学习特点和教学规律，从易到难，从单一到综合，确定教材的内容体系，构建起有利于教与学的教材结构，把世赛的标准、规范融入具体学习任务之中。

本教材转化依据工业控制项目世赛标准技术规范，按照世赛工业控制项目的竞赛内容与工作流程，把项目竞赛模块转化为教材的职业能力模块，实现世赛竞赛模块与教材的职业能力模块的全面对接；基于任务引领理念，对每一职业能力模块所涵盖的知识、技能与素养进行全面分析与梳理，确立了14个面向具体教学情境的典型工作任务，构建形成"竞赛模块—职业能力模块—典型工作任务"的教材转化路径，全面落实世赛工业控制项目的技能标准与规范，教材转化路径如下图所示。

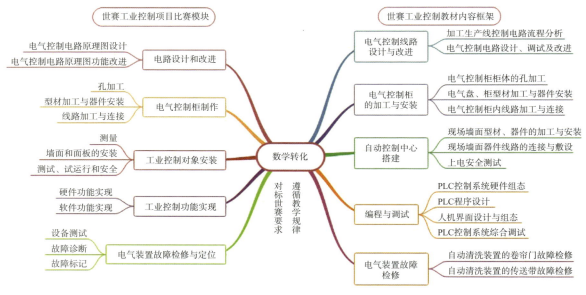

工业控制项目教材转化路径图

目　录

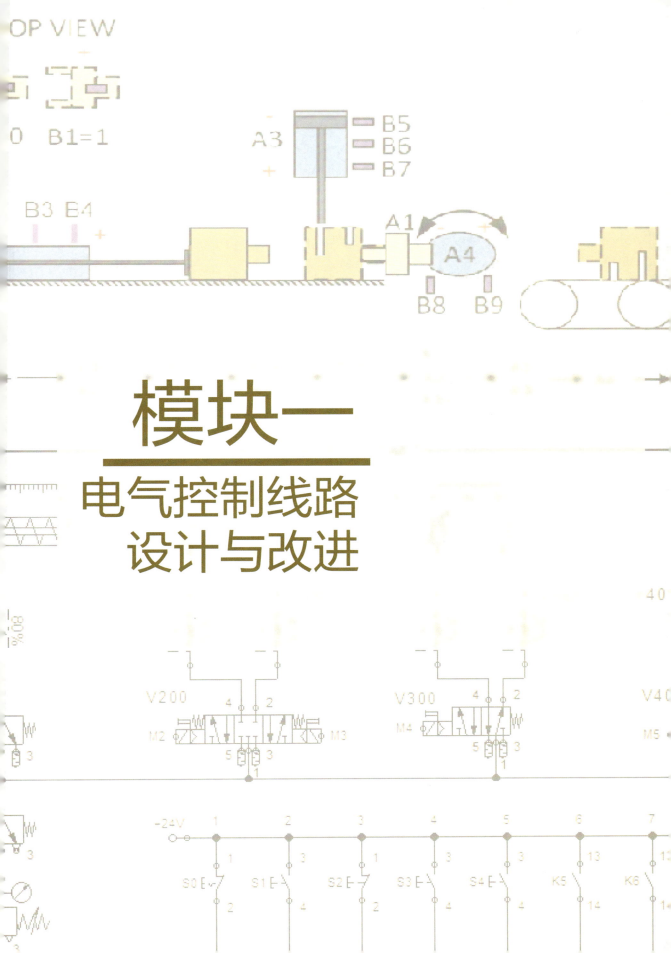

模块一

电气控制线路
设计与改进

电气控制线路设计与改进是指为了满足生产过程中的特定自动化控制要求，对加工生产线的控制电路进行规划、设计与优化的活动。本模块通过两个典型工作任务的学习，掌握加工生产线控制电路的流程分析、电路设计、电路调试、改进及优化电路等技能。主要的技能要求包括：分析系统结构、运动顺序、气动回路等工作流程、原理；调试给定控制模板、记录状态信息；编写主驱动电路、手动流程控制电路、自动流程控制电路的程序；调试及优化改进编写的程序。

任务 1　加工生产线控制电路流程分析

 学习目标

1. 能熟练使用气动仿真软件，打开、编辑、测试给定模板。
2. 能根据给出的系统结构图和运动顺序图分析加工生产线设备的工作流程。
3. 能根据给出的气动原理图分析加工生产线气动回路工作原理。
4. 能根据给出的控制功能图分析加工生产线控制电路工作原理，分配并记录相应器件状态。
5. 能在任务实施过程中，养成严谨细致、一丝不苟、精益求精的工匠精神。

 情景任务

　　某企业的加工生产线（工件加工部分）由送料系统、加工系统和运输系统三部分组成。送料系统由气动回路、限位传感器、双作用气缸等组成，实现物料的供料和定位工作；加工系统由气动回路、限位传感器、双作用气缸及加工刀具等组成；运输系统由气动回路、限位传感器、机械手等组成。

　　请你使用气动仿真软件，完成给定模板中传感器信号和电磁阀状态的测试，并分析加工生产线工作流程与控制方式。

 思路与方法

一、如何分析加工生产线的工作流程？

　　分析加工生产线的工作流程可以按以下三步进行：

　　1. 观察设备的硬件结构，根据系统结构图（图 1-1-1）简要推理出系统加工时各种设备的工作状态；

　　2. 根据气动原理图分析各气动设备在不同时刻的工作状态；

想一想

企业中加工生产线除了气动控制，一般还会有哪些控制方式？

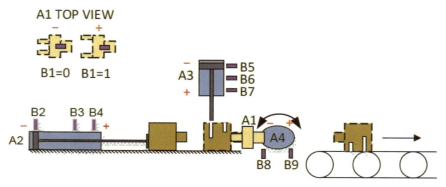

图 1-1-1　系统结构图

3. 结合运动顺序图（图 1-1-2）、气动原理图（图 1-1-3）和步骤 1 中推理的工作状态，分析系统在自动加工状态的工作流程。

图 1-1-2　运动顺序图

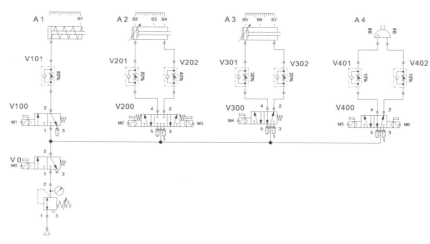

图 1-1-3　气动原理图

二、加工生产线中的主电路是什么？由哪些部分组成？

加工生产线中的主电路一般由执行电路、功能电路、电源电路（如电动机等执行机构的三相电源等）组成。

三、加工生产线中的控制电路是什么？由哪些部分组成？它的作用是什么？

控制电路是指控制主电路的控制回路，比如主电路中有接触器，接触器的线圈则属于控制回路部分。控制电路一般由信号输入电路、触发电路、纠错电路、信号处理电路、驱动电路等组成。控制电路在系统中的作用是控制各个外围器件。

四、如何根据系统给定的加工生产线电气模板编辑控制电路程序？

根据系统给定的加工生产线电气模板（如图 1-1-3、图 1-1-4、图 1-1-5 所示）编辑控制电路控制程序时，首先应知道现场设备给定的气动控制回路是由电磁阀控制的，因此在测试模板时应自行添加电磁阀控制回路。其次在控制电磁阀的同时，要观察各个现场传感器的工作状态并予以记录，然后测试控制面板并记录各个开关的功能状态，最后结合记录得到的各个时段系统的工作状态表编辑控制电路程序。

想一想

在加工生产线系统中为什么要分为控制电路和主电路，它们之间有什么区别？

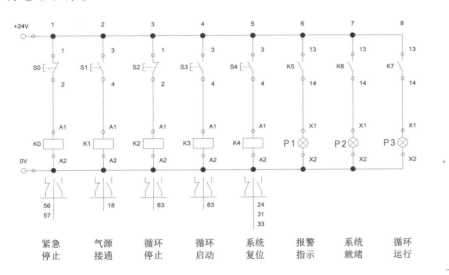

图 1-1-4　控制面板

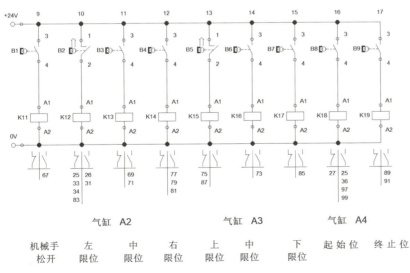

图 1-1-5　现场传感器状态

五、如何分析加工生产线系统的控制电路？

分析加工生产线控制电路应当结合给出的气动原理图、控制功能图以及测试模板时记录得到的各个器件的工作状态（包括电磁阀、辅助继电器、现场传感器和指示灯等）进行，分析过程可分为以下几个步骤。

第一步：根据测试的电气模板状态记录表，分配相应的辅助继电器并记录其功能。

第二步：在第一步的基础上根据控制功能图简要区分控制要求，确定应急报警电路、报警复位电路、手动控制电路和自动控制电路的功能。

第三步：通过图 1-1-4 控制面板中继电器的工作状态，结合控制功能图分配相应的控制电路状态继电器和主电路控制继电器。

 活动

一、加工生产线控制模板的测试与在线功能调试

操作要领：

1. 结合控制面板图测试控制模板

（1）按钮、开关测试：打开、关闭开关及按钮观察并记录其下方对应的状态继电器状态。测试按钮时分别点击 S0 至 S4，并在表 1-1-1 中记录对应辅助继电器 K0 至 K4 的状态。

表 1-1-1　按钮测试记录表

测试目标		工作状态	继电器状态
按钮、开关测试	S0	ON	
		OFF	
	S1	ON	
		OFF	
	S2	ON	
		OFF	
	S3	ON	
		OFF	
	S4	ON	
		OFF	

（2）指示灯测试：编辑简单控制电路，控制指示灯上方触点闭合、断开，观察并在表 1-1-2 中记录指示灯状态。由于状态指示灯是由规定的继电器 K5、K6、K7 来控制的，所以这里必须编辑简单的控制电路来完成。

表 1-1-2　指示灯测试记录表

测试目标		工作状态	指示灯状态
指示灯测试	K5	ON	
		OFF	
	K6	ON	
		OFF	
	K7	ON	
		OFF	

2. 结合气动原理图测试气动回路功能

气动回路一般都由电磁阀控制，所以可分为两种方式进行测试。

（1）手动强制测试：按下换向阀强制按钮，观察对应气缸的工作状态，并将气动回路状态记录在表 1-1-3 中。

（2）编辑简单电路测试：由于气动回路中的执行器件是由电磁阀控制，所以在测试时应编辑简单测试电路用以控制对应的电磁阀。编辑完控制电路后，可单击对应"按键开关"接通对应电磁阀，观察电磁阀工作状态并将其记录于表 1-1-3 中。

表 1-1-3　气动回路测试记录表

测试目标		工作状态	电磁阀状态
气动回路	气源	接通	
		断开	
	A1	伸出	
		缩回	
	A2	伸出	
		缩回	
	A3	伸出	
		缩回	
	A4	正转	
		反转	

想一想

竞赛中选手测试气动回路，一般会选用什么方式？为什么？

3. 结合现场传感器状态图测试传感器

现场传感器的状态测试要结合气动回路进行，测试时应及时记录不同状态下传感器的输出信号和状态继电器的工作状态。

> **注意事项**
>
> 1. 控制面板属于给定的模板，在测试时只可以移动上下左右位置，不能随意改动其开关属性以及输出状态属性。
>
> 2. 在测试模板时，应该建立一张模板测试记录表用于记录模板中各执行器件的工作状态，方便后期编程时使用。

二、加工生产线系统的工作流程分析

操作要领：

1. 结合系统结构图（图1-1-1）和运动顺序图（图1-1-2）列出加工生产线工作流程。

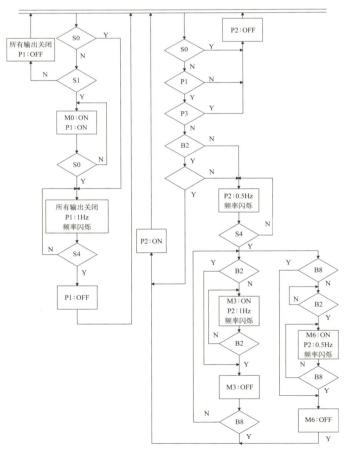

图 1-1-6　控制功能图

提示

竞赛过程中不准外带纸张，记录表和分析流程选手必须在试卷上完成。

2. 结合控制功能图（图 1-1-6）划分应急报警电路、报警复位电路、手动控制电路和自动控制电路，并记录各功能电路的控制要求。

3. 结合控制要求，分析及规划电气控制电路及气动控制主电路。

> **注意事项**
>
> 　　1. 工作流程可以简要记录，但必须与控制流程保持一致。
>
> 　　2. 控制功能图中不同功能电路的工作应严格按照控制流程执行，不得自行添加或删减控制功能。
>
> 　　3. 状态继电器、功能继电器和辅助继电器的合理分配，有利于降低后期程序编辑的难度。

4. 结合模板测试记录表，合理分配各功能电路中的时间继电器和辅助继电器的使用数量。

 **总结评价**

1. 依据世赛相关评分细则，本任务的完成情况评价如表 1-1-4 所示。

表 1-1-4　任务评价表

序号	评价项目	评分标准	分值	评分
1	给定的控制面板测试	正确测试并记录所有控制按钮工作状态（10分，每错一处扣2分，扣完即止）	20	
		正确记录控制面板中继电器工作状态及功能（10分，每错一处扣2分，扣完即止）		
2	给定的气动回路功能测试	正确测试并记录所有气缸工作状态（10分，每错一处扣2分，扣完即止）	20	
		正确记录气动回路中继电器工作状态及功能（10分，每错一处扣2分，扣完即止）		
3	给定的传感器模板信号测试	正确测试并记录所有传感器信号状态（10分，每错一处扣2分，扣完即止）	20	
		正确记录传感器模板中辅助继电器工作状态及功能（10分，每错一处扣2分，扣完即止）		

（续表）

提示

根据世赛规则，每个接触器、继电器的触点最多为 8 副，超出触点使用数量的分配即为不合理。

序号	评价项目	评分标准	分值	评分
4	根据系统结构图和运动顺序图罗列出工作流程	工作流程罗列与自动流程控制要求一致（10 分）	10	
5	完成系统气动控制主电路功能分析规划	根据控制要求正确分析气动控制主电路功能及合理分配控制器和接触器等（15 分，每错一处扣 3 分，扣完即止）	15	
6	完成系统电气控制电路规划	根据控制要求正确分析电气控制电路功能及合理分配时间继电器和辅助继电器等（15 分，每错一处扣 3 分，扣完即止）	15	

2. 本任务的评价结合世界技能大赛评价标准，采用自评和师评相结合的方式进行，主要分为：模板功能测试及状态记录，系统工作流程分析、控制电路及主电路分析规划等评判标准。具体分值按照评价细则，在各模块设置过程中分步确定。

拓展学习

1. 电气控制线路的设计方法

电气控制线路常用的设计方法有经验设计法和逻辑设计法。经验设计法是根据生产控制要求，利用各种典型的线路组合设计而成。逻辑设计法是根据生产控制要求，利用逻辑关系分析设计线路。逻辑设计法适合生产控制要求较复杂的控制线路的设计。

2. 世界技能大赛工业控制项目的气动控制主电路设计规则

（1）主电路接触器编号正确（这里的主电路接触器主要由电磁阀 M 或者控制电磁阀的接触器 Q 表示）；

（2）主电路中元器件标记无缺失、无错误现象（标记方式如图1-1-7 所示）；

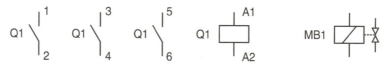

图 1-1-7　主电路中元件符号

（3）继电器、接触器、电磁线圈没有混合并联现象（这里主要指主电路中的接触器不能和控制电路中的继电器并联在同一电路块中），错误示例如图 1-1-8 所示。

想一想

若按照世赛要求，图 1-1-8 中电路修正后应有几个电路块？

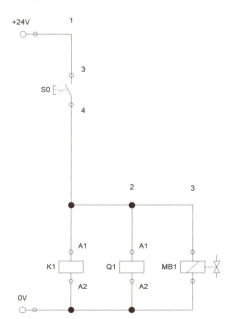

图 1-1-8　主电路中继电器、接触器、电磁线圈混合并联现象

（4）在设计电路时，水平方向和垂直方向的导线不能出现曲折现象，错误示例如图 1-1-9 所示。

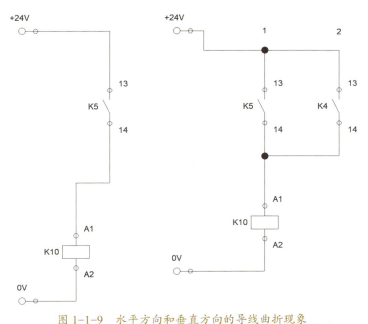

图 1-1-9　水平方向和垂直方向的导线曲折现象

11

 思考与练习

一、思考题

1. 本任务主要由气动系统控制来实现，如果改用液压系统控制是否可以实现以上功能？其优缺点各有哪些？

2. 在控制电路规划过程中，发现软件仿真时可能存在竞争冒险，但实际工业现场又可以通过硬件避免这种情况，那么电路设计时该如何处理？

二、技能训练题

某企业生产线的自动上料系统如图1-1-10所示，请根据系统结构图和运动顺序图，推理其工作流程。

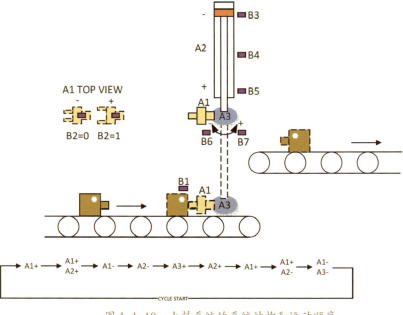

图1-1-10 上料系统的系统结构和运动顺序

名词解释

"竞争冒险"指同一信号经不同的路径传输后，到达电路中某一会合点的时间有先有后，这种现象称为逻辑"竞争"，由此产生输出干扰脉冲的现象称为"冒险"。

任务2 电气控制电路设计、调试及改进

 学习目标

1. 能根据电气控制电路的设计规则、工艺流程及给定的控制模板,设计、编写主电路控制程序。
2. 能根据电气控制电路设计规则、工艺流程和主电路控制程序,设计、编写手动控制电路及自动控制电路程序。
3. 能根据给定的工艺流程,正确调试电路的手动控制流程程序和自动控制流程程序。
4. 能在任务实施过程中,养成严谨细致、一丝不苟、精益求精的工匠精神。

 情景任务

　　请你根据控制功能图,运用气动仿真软件对该企业自动加工生产线(工件加工部分)的主电路、手动控制电路及自动控制电路程序进行设计、调试及修改。给定的加工生产线系统电气模板如图1-1-1、图1-1-2、图1-1-3所示。

 思路与方法

一、主电路设计的主要内容与基本原则是什么?

　　由于主电路驱动的现场执行设备是由气泵通过电磁阀来进行控制,因此主电路设计的主要内容是设计接触器驱动电路和电磁阀驱动电路。

　　在设计主电路时应考虑两方面基本原则:

　　1. 设计的驱动电路能满足运动顺序图中设备的基本动作;

　　2. 要合理地分配电路块,区分主电路和控制电路的供电电源(即接触器线圈Q、电磁阀线圈M与控制电路中的继电器线圈K不能出现混合并联现象,如图1-2-1所示)。

提示

在编程设计时有很多重复的程序,我们可以把这类程序做成子程序块,当需要使用的时候直接调用那个子程序块,可以大大提高编程效率。

想一想

为什么在电路设计时，继电器线圈、接触器线圈、电磁阀线圈不能混合并联？

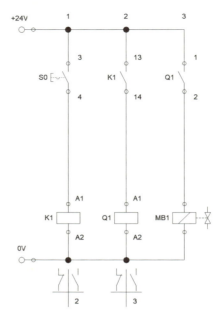

图 1-2-1　继电器 K、接触器 Q、电磁阀 M 混合并联的错误现象

二、控制电路有哪些类型，各实现什么功能？

控制电路在整个控制系统中可分为手动控制电路和自动控制电路两大类型。手动控制电路在现场设备中一般实现以下几类功能：（1）紧急停止报警功能；（2）点动控制功能；（3）设备复位功能。自动控制电路实现的功能是控制现场设备运行一个连续的工作循环。

三、控制电路设计的主要内容是什么？应遵循什么基本原则？

控制电路设计的主要内容是设计控制继电器电路。

在设计手动控制电路时应满足控制功能图的要求。如在实现紧急停止报警功能时，应立即停止设备中的所有电磁阀，并通过指示灯显示。点动以及复位功能在实现时也应该满足控制功能图的要求，先由面板开关和现场传感器反馈量控制继电器，再由继电器控制接触器，最后由接触器控制电磁阀驱动设备运作，使设备恢复到初始位置。

在设计自动控制电路时应满足控制功能图设计的启动条件、运行步骤、中断条件、终止条件以及循环条件等。

四、调试及修改控制电路的步骤有哪些？

调试及修改控制电路具体可分为以下几个步骤。

第一步：调试紧急停止电路，观察各指示灯以及继电器工作状态是否满足控制要求，若不满足则根据要求进行修改；

第二步：调试复位电路，观察各指示灯以及电磁阀工作状态是否满足控制要求，若不满足则根据要求进行修改；

第三步：调试自动控制电路，观察各指示灯、电磁阀工作状态、程序循环及终止状态是否满足控制要求，若不满足则根据要求进行修改；

第四步：观察并修改设计的电路程序，确保每个支路都符合功能描述，继电器和接触器的触点使用正确、触点数量不超限等符合基本电路设计规则。

一、加工生产线的主电路程序设计

操作要领：

1. 根据给出模板电路的气动原理图设计、编写接触器驱动电路

驱动电路在设计时，必须考虑控制接触器触点编号以及对应控制电磁阀的功能描述，如图1-2-2、图1-2-3所示。

想一想

在编写程序时应该先规划编写电磁阀控制电路，还是接触器驱动电路？

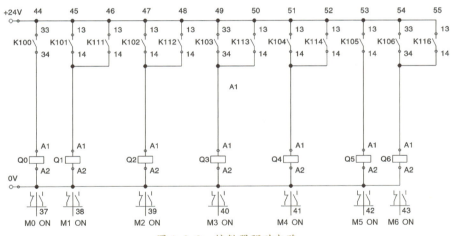

图 1-2-2　接触器驱动电路

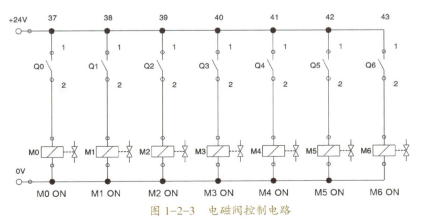

图 1-2-3　电磁阀控制电路

15

2. 根据控制功能图和接触器驱动电路,编写接触器控制电路

注意事项

在电路设计规则中不能存在继电器 K、接触器 Q、电磁阀 M 混合并联现象。在设计中应分两个电路块来编写主电路控制程序。

二、加工生产线的控制电路程序设计

操作要领:

1. 根据控制功能图设计、编写紧急停止报警电路和安全复位电路

急停报警电路的设计要实现按下急停按钮后所有电路的输出都将停止的功能,如图 1-2-4 所示,但此时的报警指示灯应该保持 1Hz 的闪烁,只有在按下复位按钮 S4 后指示灯才熄灭。在编写程序时应严格执行程序运行的优先级顺序,急停报警电路的优先级应是最高的。

想一想

手动控制电路中的复位电路若在运行时,突然气源断开,程序能否继续运行?

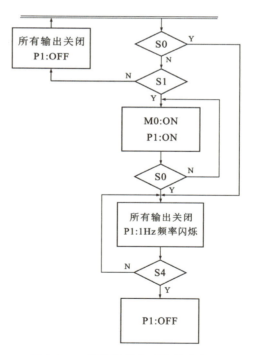

图 1-2-4　急停报警电路控制功能图

安全复位电路程序的运行条件是在接通气源的前提下,系统由于突发状况或者运行至无法继续时,手动控制系统,使气缸等执行器件安全复位,控制功能如图 1-2-5 所示。在本系统的控制流程图中,安全复

位的 P2 指示灯也是进行自动流程启动的必要条件。

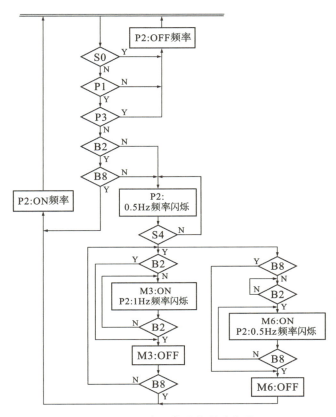

图 1-2-5　安全复位控制功能图

2. 根据控制功能图设计、编写自动流程控制电路

　　编写自动流程控制程序时，应注意其启动条件是否满足，即 P3 指示灯是否点亮，中间的控制流程只需按每一步控制要求进行程序编辑即可，最后在自动程序结尾处应考虑程序是否满足循环条件，若不满足应在程序运行至 LAST STEP 后停止程序。

想一想

自动控制电路程序运行时若发现传感器损坏，应如何操作系统？

注意事项

　　1. 编写控制电路程序时应满足控制要求，不得擅自改动模板给出的控制面板电路。

　　2. 编写的控制电路程序应严格按照控制功能图的控制要求执行，不得自行添加或删减控制要求。

三、加工生产线的电气控制电路程序调试及修改

操作要领：

1. 根据控制功能图调试手动控制电路

本系统的手动控制电路主要分为急停报警电路和安全复位电路，调试急停报警电路时步骤可以为以下几步。

第一步：按下气源接通按钮 S1，P1 指示灯点亮，电磁阀 M0 接通，气动回路接通气源；

第二步：按下急停开关 S0，所有输出停止，P1 指示灯以 1Hz 的频率闪烁；

第三步：释放急停开关 S0，P1 指示灯继续闪烁，按下复位按钮 S4，P1 指示灯关闭。

调试安全复位电路时，可以按照以下步骤调试：

第一步：重新打开仿真，所有限位在初始位置，按下 S1 接通气源，此时 P1 和 P2 指示灯均点亮；

第二步：强制接通 M2 电磁阀，A2 气缸活塞推出，离开限位 B2，此时 P2 指示灯按 1Hz 的频率闪烁；

第三步：按下复位按钮 S4，接通 M3 电磁阀，A2 气缸退回，最终压合限位 B2，P2 指示灯点亮；

第四步：强制接通 M5 电磁阀，A4 旋转气缸正转，离开限位 B8，此时 P2 指示灯按 0.5Hz 的频率闪烁。

第五步：按下复位按钮 S4，接通 M6 电磁阀，A4 旋转气缸反转，压合限位 B8，P2 指示灯点亮；

第六步：强制接通 M2 电磁阀，A2 气缸推出，离开限位 B2，强制接通 M5 电磁阀，A4 旋转气缸正转，离开限位 B8，此时再按复位按钮 S4，系统等 A2 气缸退回压合限位 B2 后再复位 A4 旋转气缸，使限位 B8 被压合，P2 指示灯点亮。

2. 根据控制功能图调试自动控制电路

启动自动控制电路时，系统应满足所有限位均在初始位置，若不满足该条件应按下复位按钮，待 P2 指示灯点亮后，再按下自动启动按钮 S3，启动自动程序，P3 指示灯点亮，系统按控制要求加工并搬运货物。若中途按下停止按钮 S2，则系统在搬运好货物，气缸 A4 返回 B8 后停止运行。

注意事项

　　调试过程中若发现编写的程序功能与控制功能图的要求不符，应立即修改程序，并在修改完成后从第一步开始调试，确保修改的程序部分不会影响之前的调试内容。

总结评价

　　1. 依据世赛相关评分细则，本任务的完成情况评价如表 1-2-1 所示。

表 1-2-1　任务评价表

序号	评价项目	评分标准	分值	评分
1	主电路的程序设计、编写	根据电路设计规则编写主电路程序（10分，每错一处扣2分，扣完即止）	10	
2	手动控制的程序设计、编写	根据电路设计规则及控制要求编写紧急报警电路程序（5分，每错一处扣1分，扣完即止）	10	
		根据电路设计规则及控制要求编写安全复位电路程序（5分，每错一处扣1分，扣完即止）		
3	自动控制的程序设计、编写	根据电路设计规则及控制要求编写自动控制电路程序（20分，每错一处扣1分，扣完即止）	20	
4	手动控制的程序调试及修改	根据控制功能图的要求调试并修改紧急报警电路程序（10分，每错一处扣2分，扣完即止）	20	
		根据控制功能图的要求调试并修改安全复位电路程序（10分，每错一处扣2分，扣完即止）		
5	自动控制的程序调试及修改	根据控制功能图的要求调试并修改自动控制电路程序（40分，每错一处扣2分，扣完即止）	40	

提示

程序调试是学员自己操作，教师负责进行现场记录与评分，若出现错误操作，教师应及时制止并中断评分。

　　2. 本任务的评价结合世界技能大赛评价标准，采用自评和师评相结合的方式进行，主要分为：主电路、手动控制电路和自动控制电路程序编写，手动和自动控制电路的调试及修改。具体分值按照评价细则，在各模块中分步确定。

拓展学习

在世界技能大赛工业控制项目中,电路设计与改进模块的气动控制在设计时与通常的继电器控制电路的设计存在着差异。

1. 世赛中的设计元器件不允许倒置放置和横向放置,如图 1-2-6 所示,K1 常开触点即为倒置,K3 的常开触点即为横向放置。

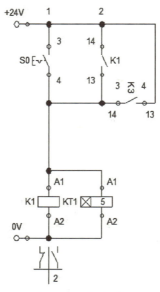

图 1-2-6　触点横向放置

2. 在修改、拖拽编写完成的电路时,可能会出现电路、管路重叠现象,如图 1-2-7 所示。这种现象在世赛中也是不允许出现的。

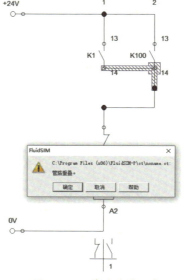

图 1-2-7　管路重叠现象

3. 在编程中有时会出现后期想到要增加一个器件在原有电路中，此时应避免出现电路的混合交叉，如图 1-2-8 所示，左侧为设计合理，右图则是有混合交叉现象。

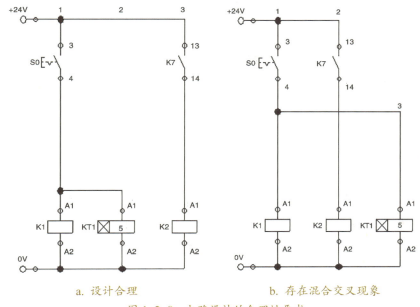

a. 设计合理　　　　　　b. 存在混合交叉现象

图 1-2-8　电路设计的合理性要求

 思考与练习

一、思考题

1. 在编写程序时若出现接触器触点数量使用超限时，怎么修改程序？

2. 在电路仿真时，设计的电路能满足控制要求，但在现场调试时发现设备无法完成规定动作，该如何改进？

二、技能训练题

某企业生产线自动上料系统如图 1-2-9 所示，请根据气动原理图，设计接触器驱动电路。

提示

使用接触器设计电路时应考虑接触器触点的数量要求。

21

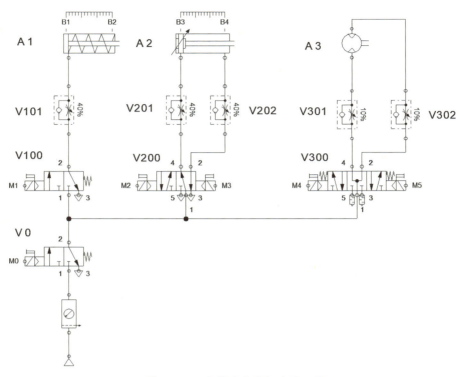

图 1-2-9　上料系统的气动原理图

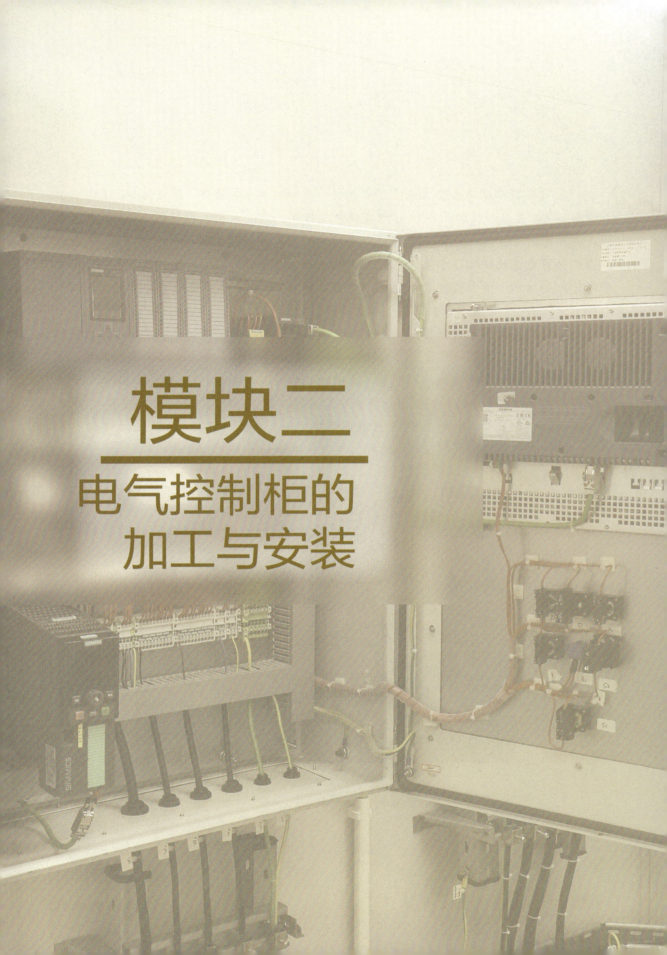

模块二

电气控制柜的
加工与安装

电气控制柜是用来安装电气控制元件（例如核心控制器件、开关设备、操作显示设备、保护电器和辅助设备等），以实现电气控制功能的封闭或半封闭金属柜，可视作是电气控制元件的"载体"。单独的电气控制柜本身并不能实现电气控制功能，只有经安装电器元件及线路后才能实现电气控制功能。电气控制柜的加工与安装是为了满足电气控制功能。要依据控制功能及相关图纸要求，对电气控制柜的布局结构进行二次加工，并按电气接线要求安装电气控制元件。

本模块主要内容是根据某生产企业一条生产线的实际控制要求，完成一套电气控制柜组的加工与安装。通过对本模块的学习，能让操作人员熟练掌握各类专用加工工具的操作方法与使用技巧，同时掌握控制柜柜体开孔、柜内型材加工、导线加工及连接等工艺要求，最终将电气控制柜整体安装完成。本模块分为3个任务：任务1，电气控制柜柜体的孔加工；任务2，电气盘、柜型材加工与器件安装；任务3，电气控制柜内线路加工与连接。电气控制柜的加工与安装现场如图2-0-1所示。

图2-0-1　电气控制柜的加工与安装

任务 1　电气控制柜柜体的孔加工

 学习目标

1. 能熟练识读柜体器件布置图。
2. 能根据任务要求，正确准备防护装备、设备、材料及工具。
3. 能根据柜体开孔工艺要求，掌握各类安装孔的开孔方法与技巧。
4. 能根据各类安装孔的开孔方法与技巧，使用开孔专用工具与设备，完成电气控制柜柜体的开孔操作。
5. 能在任务实施过程中，严格遵守安全操作规范，养成严谨细致、一丝不苟、精益求精的工匠精神以及安全文明操作的职业习惯。

 情景任务

　　某企业生产线自动搅拌系统的主要工序是将两种或多种液体进行混合，该系统的核心控制器安装在电气控制柜内，触摸屏、显示器、按钮等人机交互器件则安装在电气控制柜的面板上。为了安装这些器件，须根据规格尺寸在电气控制柜的面板上开器件安装孔。你作为一名装配电工，本次任务是根据该自动搅拌系统电气控制柜柜体的器件布置图纸对柜体进行开孔加工，开孔效果如图 2-1-1 所示。整个操作过程中应穿戴好防护用品，确保人身安全。主要任务包括：

1. 电气控制柜柜体圆形安装孔加工；
2. 电气控制柜柜体矩形安装孔加工。

想一想

加工圆形安装孔与矩形安装孔的步骤会有什么区别？

图 2-1-1　电气控制柜面板开孔成品效果

一、电气控制柜的元器件布置有哪些要求?

电气控制柜的元器件布置应满足:

1. 便于检修,不危及人身及周围设备的安全;

2. 方便操作人员借助人机交互设备对系统各类参数进行监控和调整;

3. 系统运行偏离正常工作状态时,方便操作人员及时发现报警信号,停止系统工作。

二、电气控制柜需要开的安装孔主要分为哪几类?

电气控制柜开孔类型一般分为两类:一类是用来安装控制按钮、选择开关、三相隔离开关、急停自锁开关、外部电缆接口的圆形孔;另一类是用来安装 HMI、变频器的 IOP 等操作显示器件的矩形孔,如图 2-1-2 所示。

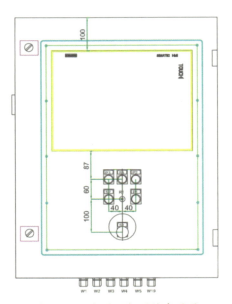

图 2-1-2　柜体面板器件布置图

三、电气控制柜体开孔工艺的要求有哪些?

1. 圆形安装孔开孔工艺要求:所开圆孔位置与布置图上的尺寸一致,圆孔位置尺寸在 330mm 以内偏差应小于 ±1mm;开孔完成后必须进行去毛刺处理,并做到孔边缘的毛刺肉眼不可见,手摸光滑。

2. 矩形安装孔开孔工艺要求:所开矩形孔位置与布置图上的尺寸一致,工艺孔的中心应正确标记在所开孔的对角处,开孔线的误差应小

想一想

若要在柜体门板上装个网口转接连接器的母座,那么需要开个什么类型的安装孔?

提示

模块图中所有尺寸的数据单位均为 mm。

于 ±1mm。与开圆孔一样，矩形孔开孔完成后也必须进行修整和去毛刺处理，并做到孔边缘的毛刺肉眼不可见，手摸光滑。

四、电气控制柜柜体加工不同形状的安装孔可使用哪些工具？

1. 加工圆形安装孔时若柜体钢板厚度小于 **4mm**，可使用手持电钻直接进行开孔操作，加工刀具一般选择各种尺寸的麻花钻、中心钻、扁钻以及开孔器。若柜体钢板厚度大于 **4mm**，则使用钻床进行加工。

2. 加工矩形孔或不规则形状安装孔时可以使用电钻配合电动曲线锯或电动角磨机进行切割开孔。

提示

电动曲线锯的工作原理是电机通过齿轮减速，利用大齿轮上的偏心滚套带动往复杆及锯条往复运动进行锯割。

活动

一、防护装备准备

根据任务内容准备所需的防护装备，防护装备清单如表 2-1-1 所示。

表 2-1-1　防护装备清单

序号	名称	防护部位	图示	使用场合说明
1	护目镜	眼部		在控制柜面板开孔时防止颗粒物溅入眼睛
2	劳保鞋	足部		整个操作过程中确保防滑、防砸、防穿刺
3	工作帽	头部		整个操作过程中防止头部受到撞击
4	工作服	躯干		整个操作过程中保护躯干不受外部环境产生的伤害
5	防割手套	手部		在去金属毛刺时防止被刺伤或划伤

二、设备及器件准备

根据任务内容列出主要设备器件清单并准备设备器件，主要设备器件清单如表 2-1-2 所示。

表 2-1-2　主要设备器件清单

序号	名称	型号规格	数量	单位	备注
1	配电柜（大）	B 600×H 800×T250（mm）	1	个	
2	配电柜（小）	B 400×H 500×T210（mm）	1	个	

三、材料准备

根据任务内容列出主要材料清单并准备材料，主要材料清单如表 2-1-3 所示。

表 2-1-3　主要材料清单

序号	名称	型号规格	数量	单位	备注
1	配电柜底板（大）	535×150（mm）	1	块	
2	配电柜面板（大）	650×575（mm）	1	块	
3	配电柜底板（小）	340×150（mm）	1	块	

四、工具准备

根据任务内容列出主要工具清单并准备工具，主要工具清单如表 2-1-4 所示。

提示

样冲是在划好的线上冲眼时使用的工具，在本任务中使用样冲定位圆形安装孔的中心位置，便于后期的孔加工。

表 2-1-4　主要工具清单

序号	名称	建议规格	数量	单位	外形
1	定位样冲	凿点直径 2mm	1	把	
2	公制直角尺	30cm	1	把	
3	公制卷尺	5m	1	把	
4	开孔器	$\varphi16$、$\varphi20$、$\varphi25$	1	个	

（续表）

序号	名称	建议规格	数量	单位	外形
5	直流电动螺丝刀		1	把	
6	螺丝刀头批头	十字、一字、梅花	1	套	
7	曲线锯		1	台	
8	平板锉刀	12英寸	1	把	
9	倒角钻	三刃	1	个	
10	纱布磨头	锥形	10	个	
11	麻花钻	9mm	1	套	

五、电气控制柜柜体上的孔加工

1. 加工圆形安装孔

操作要领：

（1）根据施工图要求，先使用钢尺或卷尺测量出加工尺寸，并用铅笔或可擦除的记号笔画线，再使用样冲确定开孔圆心位置，最后检查定位孔的位置准确无误后方可钻孔，如图2-1-3、2-1-4所示。

图2-1-3　定位开孔位置

图2-1-4　使用样冲定位

（2）根据图纸所标的开孔孔径选择正确尺寸的开孔器。钻孔前可以先试钻，使钻头横刃对准孔中心样冲眼钻出一浅坑，并检测浅坑位置是否正确，如图2-1-5所示。若有偏离可进行纠偏，使浅坑与开孔器钻头同轴。如果偏离较小，可在起钻的同时用力将工件向偏离的反方向推移，达到逐步校正。

提示

如果在试钻时发现钻头中心与孔中心位置偏离过多，可以试试在偏离的反方向打几个样冲眼或用錾子錾出几条槽。

图 2-1-5 开孔前试钻

（3）当孔即将被钻透时，应将手持电钻的进给力减小，避免钻头在钻穿面板时产生瞬间抖动，出现啃刀现象。同时也防止进给量过大，造成钻头折断或使断下的废料随着钻头转动造成事故。

（4）开孔完成后，应使用倒角钻将孔内边缘稍微切削掉一部分，然后使用纱布磨头进一步打磨，去掉孔周围的毛刺及锐角，以免安装时对人身造成伤害，如图 2-1-6 所示。

图 2-1-6 圆孔边缘去毛刺处理

注意事项

无论采用什么方法修正偏离，都必须在锥坑外圆小于钻头直径之前完成。如果不能完成，在条件允许的情况下，还可以在背面重新画线，重复上述操作。

2. 加工矩形安装孔

操作要领：

（1）根据施工图要求，使用卷尺测量出加工尺寸，用铅笔或可擦除的记号笔画线，并用样冲确定工艺孔在面板上的位置。一般工艺孔定位在加工框的两个对角处，定位工艺孔时必须保证孔的边缘距离开孔线留有 0.5mm 的加工裕量。孔的最小直径以能伸入曲线锯的锯条为准，在允许的条件下孔的直径大一些，更便于开孔操作，如图 2-1-7 所示。

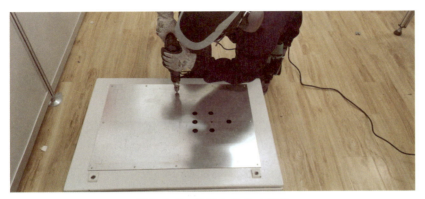

图 2-1-7　使用电钻开工艺孔

想—想

加工矩形孔除了上述用曲线锯的方法，还有其他方法吗？

（2）开孔前必须将柜体平稳放在地面上，以保证工作安全。工艺孔开完后从工艺孔处伸入锯条，沿着开孔线的方向，使曲线锯的平面紧贴工件进行锯割加工，如图 2-1-8 所示。由于使用曲线锯开孔不可能一次成型，因此在锯割加工时应保留开孔线，以便修整时使用。

图 2-1-8　使用曲线锯进行切割

（3）使用曲线锯开完的矩形孔，其边缘是不平整的，这时可以使用尺寸、形状合适的锉刀进行最后修整，如图 2-1-9 所示。

提示

一般矩形孔开完孔后可使用电动角磨机或铧刀铧削进行修整。但使用电动角磨机修整时会产生高温将工件烧变色变形，有时会出现火花，从比赛的安全角度考虑不建议使用。

图 2-1-9　矩形孔整形

（4）当开孔边缘修整完成后，可使用砂块或磨光机进一步打磨，去掉孔周围的毛刺及锐角，以免安装时对人身造成伤害，如图 2-1-10 所示。

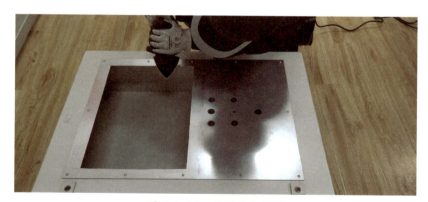

图 2-1-10　矩形孔去毛刺

 **总结评价**

1. 依据世赛相关评分细则，本任务的完成情况评价如表 2-1-5 所示。

表 2-1-5　任务评价表

序号	项目评价	评分标准	分值	评分
1	圆形孔加工尺寸与工艺	圆形孔水平位置测量（挑选 2 处，每错一处扣 10 分）	20	
		圆形孔垂直位置测量（挑选 2 处，每错一处扣 10 分）	20	
		圆形孔孔口周边光滑、无毛刺（挑选 2 处，每错一处扣 2 分）	10	

（续表）

序号	项目评价	评分标准	分值	评分
2	矩形孔加工尺寸与工艺	矩形孔水平位置测量（挑选 2 处，每错一处扣 10 分）	20	
		矩形孔垂直位置测量（挑选 2 处，每错一处扣 10 分）	20	
		矩形孔孔周边光滑、无毛刺（挑选 2 处，每错一处扣 5 分）	10	

2. 本任务的评价按照世界技能大赛评价标准，采用自评和师评相结合的方式进行。根据柜体开孔加工的尺寸与工艺完成情况进行打分，尺寸在评价范围内得分，否则不得分；工艺满足评价要求得分，否则不得分。

 拓展学习

一、对安装孔进行二次加工的扩孔工艺

扩孔操作常常用于扩大已加工完的孔（如本次任务中开的圆形安装孔），当然也可使用扩孔的方法来校正孔的轴线偏差。

当扩孔精度要求不是很高时，可使用普通麻花钻头进行扩孔加工。当扩孔精度要求较高时，则可使用扩孔钻。扩孔钻的形状与钻头相似，但不同的是扩孔钻有 3~4 个切削刃且没有横刃，其顶端是平的，螺旋槽较浅，故钻芯粗实、刚性好，不易变形。

操作要领：

一般钻削直径大于 30mm 的孔时应分两次操作。第一次先钻一个直径较小的孔（为加工孔径的 0.5~0.7 倍），第二次再用钻头将孔扩大到所要求的直径，同时第一次加工出的孔必须为扩孔留有 0.2~0.4mm 的加工裕量。

二、开高精度孔的铰孔工艺

铰孔是使用铰刀从工件孔壁上切除微量金属层以提高孔尺寸精度和孔表面质量的方法。当手铰时，铰刀可配合铰杠使用。当机铰时，铰刀可配合台钻使用。

提示

铰刀是具有一个或多个刀齿，用以切除已加工孔表面薄层金属的旋转刀具。铰刀因切削量少，所以其加工精度要求通常高于钻头。

操作要领：

1. 在铰削时，可将铰刀柄部夹持安装固定在铰削工具上。铰刀刃部伸入待铰削的孔中，注意保持铰刀与孔所在平面的垂直度。

2. 顺时针方向旋转铰刀，并施加适当的轴向压力即可进行铰削工作。

3. 铰削旋转速度不可过快，否则会烧坏铰刀。铰孔时铰刀不能倒转，否则会卡在孔壁和切削刃之间，而将孔壁划伤或切削刃崩裂。

4. 铰孔时常用适当的冷却液来降低刀具和工件的温度，可减少黏附在铰刀和孔壁上的切屑细末，从而提高孔的质量。

 思考与练习

一、思考题

1. 在对电气控制柜进行开孔加工作业时，应注意哪些安全操作规范？

2. 使用曲线锯开孔操作时，为什么要将它的基座与要被切割的面板保持在同一水平面上？

二、技能训练题

某企业啤酒自动灌装生产线的硬件设备包括控制按钮、选择开关、状态指示灯、三相隔离开关、急停自锁开关、外部电缆接口、人机界面（HMI）、变频器等。请根据图 2-1-11 所示的柜体布置图，完成电气控制柜的安装孔开孔任务。

提示

变频器面板安装套件的开孔尺寸一般为 B：58±1mm；H：86±1mm。

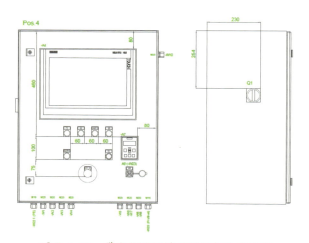

图 2-1-11　带变频器操作面板的柜体布置图

任务 2　电气盘、柜型材加工与器件安装

学习目标

1. 能熟练识读电气盘、柜器件布置图以及电气原理图等技术文件。
2. 能根据任务要求，正确准备防护装备、设备、材料及工具。
3. 能根据不同型材的加工工艺特点，掌握各类型材加工方法与技巧。
4. 能根据柜内各类型材加工方法与技巧特点，使用专用切割工具与设备，完成电气盘、柜上的型材加工。
5. 能根据电气盘、柜上的器件安装规范要求，完成电气盘、柜上的器件安装。
6. 能在任务实施过程中，严格遵守安全操作规范，养成严谨细致、一丝不苟、精益求精的工匠精神以及安全文明操作的职业习惯。

 情景任务

　　电气盘是指将可编程逻辑控制器 PLC、电力控制设备、显示仪器仪表及其他低压元器件集中安装在一起的一个金属框架。在本次任务中，你需根据电气盘、柜器件布置图完成电气控制柜内电气盘的各类型材加工与柜内外器件的安装工作。整个操作过程中应穿戴好防护用品，确保人身安全。主要任务包括：

　　1. 完成电气盘上塑料与金属型材的加工与安装；

　　2. 将 PLC、变频器、远程 I/O、HMI 等核心器件与低压电器安装至电气盘与控制柜柜体上，如图 2-2-1 所示。

想一想

加工塑料行线槽时可使用哪些工具？

图 2-2-1　控制柜面板器件安装完成效果

思路与方法

一、本任务中的电气盘上需安装哪些型材及器件？

电气盘上需安装的器件主要有 PLC、HMI、变频器、分布式 I/O、电源模块、断路器、安全继电器、接触器、接线端子排、塑料行线槽及金属导轨等。其中塑料行线槽与金属导轨须根据图纸所标的尺寸要求进行切割加工，如图 2-2-2 所示。

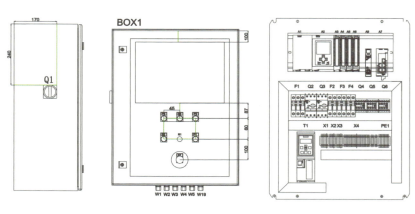

图 2-2-2　柜体与电气盘的布置图

二、电气盘上的器件有哪几种安装方法？

电气盘上的器件安装方法主要有导轨安装和直接安装两种。

1. 低压电器、PLC 及其各种接口模块等质量较轻的器件一般采用导轨安装方式，其优点是安装与维护方便。采用这种安装方式首先应将导轨安装在电气盘上，并使用螺栓或自攻螺丝等将导轨固定在电气盘上，然后再将元器件卡在导轨上，调整好位置后拧紧锁紧装置进行固定。

2. 某些器件由于自身体积或质量过大，不便采用导轨安装方式，可直接在电气盘上进行安装，如本任务中变频器的功率模块等。必须注意的是在直接安装外壳由陶瓷或塑料制成的器件时，在保证器件安装牢固的同时还须避免其外壳与安装脚出现断裂。

三、电气盘、柜上的器件有哪些安装规范？

1. 器件安装前须检查所有元器件外观是否有损坏。

2. 器件必须按照电气盘、柜的布置图进行安装排布。

3. 器件安装后必须根据图纸上的标识粘贴元器件代号。

四、电气盘上的型材加工与安装有哪些工艺规范？

1. 加工安装塑料行线槽时，为了行线槽切割面整齐美观，应使用型材切割机进行切割，不得使用剪刀、壁纸刀等切割，同时须保证塑料行线槽的尺寸、位置及拼缝类型与布置图一致。切割完成后应清除加工形成的飞边、毛刺、锐角。将行线槽安装到电气盘后，塑料行线槽之间的缝隙不能大于 1mm。

2. 加工安装金属导轨时，必须符合金属导轨在布置图上的尺寸、位置要求，同时保证金属导轨安装孔的完整性。切割完成后应对切口进行去毛刺处理，使切割边缘整齐光滑。

提示

当柜内两根行线槽 90° 相交时，可使用拔齿钳提前将一侧的槽齿拔除，这样可方便后续电气盘中的走线。

 活动

一、防护装备准备

根据任务内容准备所需的防护装备，防护装备清单与任务 1 一致，如表 2-1-1 所示。

二、设备及器件准备

根据任务内容列出主要设备器件清单并准备器件，主要设备器件清单如表 2-2-1 所示。

表 2-2-1　主要设备器件清单

序号	名称	型号规格	数量	单位	备注
1	配电柜（大）	B 600×H 800×T250（mm）	1	个	面板与底板均开孔完毕
2	配电柜（小）	B 400×H 500×T210mm（mm）	1	个	底板开孔完毕
3	PLC 套件	CPU 1516F-3 PN/DP	1	个	
		数字量输入模块 32DI	1	个	
		数字量输出模块 32DQ	1	个	
		模拟量输入模块 8AI	1	个	
		模拟量输出模块 4AQ	1	个	
		电源模块 24V/8A	1	个	

（续表）

序号	名称	型号规格	数量	单位	备注
4	HMI	TP1500 COMFORT 精致面板	1	个	
5	工业网络交换机	X208	1	个	
6	分布式 I/O	接口模块 IM155-6PN	1	个	
		数字量输入模块 8DI	2	个	24VDC/0.5A HF
		数字量输出模块 8DQ	2	个	24VDC/0.5A HF
		模拟量输入模块 2AI	1	个	2 通道 U/I 2-2-/4- 线制
		模拟量输出模块 2AQ	1	个	2 通道 U/I 2-2-/4- 线制
7	VSD	控制单元 CU250-2 PN	1	个	
		功率单元 PM240-2	1	个	
		智能操作面板	1	个	
8	急停开关	IU=16 P/AC-23A	1	个	
9	旋钮开关	0-I-II 自锁触头 1NO x 1NC	1	个	
10	平头按钮	1NO + 1NC	1	个	黑
11	急停按钮	1NO + 1NC	1	个	红
12	安全继电器	3NO+ 继电器信号电路 1NC	1	个	
13	电机保护断路器	1.8 ~ 2.5A	1	个	
14	3 联断路器	3P C16A	1	个	
15	2 联断路器	2P C6A	1	个	
16	接触器	380V 主触点 辅助（2NO+2NC）	4	个	24VDC 线圈
17	端子插入式跳线	2.5mm^2	25	个	
18	导线端子块	2.5mm^2	37	个	
		4mm^2	10	个	
		4mm^2	3	个	接地
		6mm^2	6	个	接地
19	末端和中间板块	2.5mm^2	10	个	
		4mm^2	3	个	
		6mm^2	2	个	
20	塑料固定件	0.5^2 ~ 2.5mm^2	6	个	

三、材料准备

根据任务内容列出主要材料清单并准备材料，主要材料清单如表 2-2-2 所示。

提示

材料准备时，除了核对数量外，还应检测材料外观是否损坏。

表 2-2-2　主要材料清单

序号	名称	型号规格	数量	单位	备注
1	塑料线槽	B 45 × H 60 × L2000（mm）	3	根	
2	DIN 导轨	TS35 × 7.5 × 2000（mm）	1	根	
3	配电柜衬板		1	块	
4	电缆密封套	M20 × 1.5	25	个	
		M25 × 1.5	1	个	
5	自锁螺母	M20 × 1.5	25	个	
		M25 × 1.5	1	个	
6	燕尾螺丝	4 × 16（mm）	50	个	

四、工具准备

根据任务内容列出主要工具清单并准备工具，主要工具清单如表 2-2-3 所示。

表 2-2-3　主要工具清单

序号	名称	建议规格	数量	单位	外形
1	十字螺丝刀	φ2mm、φ5mm	1	把	
2	一字螺丝刀	φ2mm、φ5mm	1	把	
3	公制卷尺	3m	1	把	
4	游标卡尺	0～200mm	1	把	

（续表）

序号	名称	建议规格	数量	单位	外形
5	水平尺	0.5mm/m	1	把	
6	内六角扳手组	1.5～10mm	1	组	
7	直流电动螺丝刀	无	1	把	
8	螺丝刀头批头	十字、一字、梅花	1	套	
9	塑料切割机	无	1	台	
10	工具包	无	1	个	

五、柜内型材加工

1. 塑料行线槽加工

操作要领：

（1）根据施工图要求，使用卷尺测量出加工尺寸，用铅笔或可擦除的记号笔画线，确定切口位置，如图 2-2-3 所示。

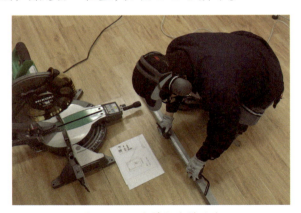

图 2-2-3　塑料行线槽画线

提示

若需要切断较宽的线槽，可以把导板后移，先旋松导板固定螺栓，并把它们拆下来，然后把导板固定到后面的螺孔上。

（2）加工塑料行线槽时，用左手把线槽与切割机的挡板推紧。右手握紧把手，打开开关。这时切盘不要立刻接触线槽，待切盘转速达到全速后，方可按下把手进行切割，注意压力要均匀、适中。若需要斜角切割塑料行线槽，应先进行调整。用套筒扳手旋松导板固定螺栓，把导板调整到所需角度，然后拧紧固定螺栓，如图 2-2-4 所示。

图 2-2-4　塑料行线槽切割

（3）使用砂皮或砂块清除加工形成的飞边、毛刺、锐角，以免安装时对人造成伤害，如图 2-2-5 所示。

提示

去毛刺时，可根据被打磨材料类型匹配砂块的规格型号。

图 2-2-5　塑料行线槽毛刺处理

注意事项

　　塑料切割机在使用前首先要检查切盘是否符合工作需要，是否有裂纹、变形现象。接着检查切盘的锁紧螺栓是否紧固；检查电源是否符合铭牌上的要求，开关是否灵活有效，电机运转是否正常。检查完毕确定正常后方可开机。

2. 金属导轨加工

操作要领：

（1）根据施工图要求，对金属导轨使用卷尺测量出加工尺寸，用铅笔画线，确定切口位置，如图2-2-6所示。

图2-2-6　金属导轨画线

（2）对于金属导轨可使用钢锯或专用导轨切割器来切割，如图2-2-7所示。

图2-2-7　金属导轨切割

（3）使用锉刀、砂纸、磨头等作为辅助工具对金属导轨进行去毛刺处理，如图2-2-8所示。

图2-2-8　金属导轨去毛刺

注意事项

　　金属导轨若用锯弓切割时，用力不能太猛。锯削时，身体正前方与台虎钳中心线成大约 45° 角，右脚与台虎钳中心线成 75° 角，左脚与台虎钳中心线成 30° 角。另外起锯角度不要超过 15°。

六、电气盘上的器件安装

1. 塑料行线槽安装

操作要领：

（1）将行线槽按照电气元件布置图放置在电气衬板上，用黑色记号笔将定位孔的位置画在电气衬板上，如图 2-2-9 所示。

图 2-2-9　电气衬板器件定位

（2）在电气衬板上用弹簧样冲敲样冲眼，然后根据图纸上行线槽的安装位置用手电钻在样冲眼上钻孔。

（3）使用螺丝、螺母或自攻螺丝将行线槽固定在电气衬板上。

2. 金属导轨安装

操作要领：

（1）导轨的安装必须在其他元器件安装前进行。

（2）导轨水平安装在衬板上，安装的水平度偏差每米长度上不允许超过 1mm。每条安装导轨即使再短，也必须有两个安装固定点，如图 2-2-10 所示，否则安装导轨会存在扭转的风险。当安装导轨长度超过 200mm 时必须增加一个安装固定点，如果长度再大，相邻安装固定点之间的距离应该为 150~200mm，具体多少由安装导轨强度决定。

提示

金属导轨通常采用机械加工方式或冷拔加工方式制成，按其横向截面形状分，主要有 T 形导轨、L 形导轨、U 形导轨、O 形导轨与空心导轨等。

图 2-2-10　金属导轨固定

（3）将导轨按照电气元件布置图放置在衬板上，先用记号笔将定位孔的位置画在衬板上。

（4）使用弹簧样冲敲出样冲眼，然后用手电钻在样冲眼上打孔。

（5）用 M4 螺丝、螺母或自攻螺丝将导轨固定在衬板上。

注意事项

1. 导轨和行线槽安装应平整、无扭曲变形。

2. 固定导轨与行线槽的螺丝或其他紧固件紧固后，其端部应与导轨和行线槽内表面光滑相接。

3. 导轨和行线槽敷设应平直整齐，水平或垂直允许偏差为其长度的 2‰，全长允许偏差为 20mm。并列安装时，槽盖应便于开启。

4. 行线槽的出线口位置应正确、光滑、无毛刺。

5. 行线槽接口应平直、严密，槽盖应齐全、平整、无翘角。

3. 元器件安装

操作要领：

（1）安装前须看清图纸及技术要求。

（2）核对元器件型号、规格、数量等与材料设备清单、安装图纸是否相符。

想一想

元器件安装前为什么要对其活动部分进行检测？

（3）安装前检查元器件是否有损坏，包括：电器元件使用资质检测、低压电器外观检测、低压电器元件绝缘电阻检测、电器元件活动部分检测、PLC 等主要设备有无部件缺失。

（4）元器件安装至衬板的顺序为由左至右，由上至下。

4. 贴器件标签

操作要领：

（1）器件标签应完整、清晰、牢固。

（2）器件标签粘贴位置应明确、醒目。

七、电气控制柜柜体器件安装

1. 柜体元器件安装

操作要领：

（1）安装前须看清图纸及技术要求。

（2）核对元器件型号、规格、数量等与材料设备清单、安装图纸是否相符。

（3）安装时须注意对设备及器件的保护，不可划伤或碰伤。

（4）柜体面板上安装较大的触摸屏时，应根据屏幕尺寸大小使用安装手册中规定数量的固定件。

2. 柜体元器件及产品的铭牌、标识牌、标字框等的安装

操作要领：

（1）安装前应先检查铭牌、标识牌、标字框的型号规格是否符合图纸的要求。

（2）柜体表面及背面的各器件、标识牌等应标明编号、名称、用途及操作位置，字迹应清晰、工整，且不易褪色。

（3）铭牌、标识牌、标字框安装的位置及内容均应符合图纸的设计要求，不允许错装、漏装等现象发生。

（4）器件铭牌、标识牌、标字框等安装要牢固、平整、端正，使其四边与装置外壳的四边平行，内容应符合产品图纸及标准要求，如图2-2-11所示。

提示

不同尺寸的触摸屏需使用不同数量的固定件。一般 6 英寸的触摸屏需使用 6 个固定件，10 英寸触摸屏使用 12 个。

图 2-2-11　器件铭牌、标识牌、标字框

 总结评价

1. 依据世赛相关评分细则，本任务的完成情况评价如表 2-2-4 所示。

表 2-2-4　任务评价表

序号	评价项目	评分标准	分值	评分
1	电气控制柜内型材加工尺寸与工艺	塑料行线槽尺寸切割正确（挑选 1 处，每错一处扣 5 分）	5	
		导轨尺寸切割正确（挑选 1 处，每错一处扣 5 分）	5	
		塑料行线槽出线口光滑、无毛刺（挑选 5 处，每错一处扣 1 分）	5	
		导轨切割去毛刺（挑选 5 处，每错一处扣 1 分）	5	
		导轨切割没有断孔现象（挑选 5 处，每错一处扣 1 分）	5	
2	电气盘器件安装工艺	控制柜内行线槽拼接严密，用普通信用卡不能插入（挑选 5 处，每错一处扣 1 分）	5	
		控制柜内行线槽连接处如果有导线或电缆经过，必须经过拔齿处理，槽齿去除后底部与线槽底部平齐（挑选 1 处，每错一处扣 5 分）	5	
		使用金属零件固定的行线槽，每段行线槽上至少有两个固定点（挑选 1 处，每错一处扣 5 分）	5	
		电气盘上器件按图固定，安装固定方向正确（挑选 1 处，每错一处扣 5 分）	5	
		电气盘上元器件没有缺失螺丝现象（挑选 1 处，每错一处扣 5 分）	5	
		电气盘上元器件标记无缺失，位置正确，文字无错误（挑选 1 处，每错一处扣 10 分）	10	

想一想

为什么切割导轨时不能发生断孔现象？

序号	评价项目	评分标准	分值	评分
3	电气控制柜柜体器件安装工艺	柜体器件按图固定，安装固定方向正确（挑选 1 处，每错一处扣 10 分）	10	
		面板及器件没有划伤（挑选 1 处，每错一处扣 10 分）	10	
		柜体元器件没有缺失螺丝现象（挑选 1 处，每错一处扣 10 分）	10	
		柜体元器件标记无缺失，位置正确，文字功能描述无错误（挑选 1 处，每错一处扣 10 分）	10	

2. 本任务的评价按照世界技能大赛评价标准，采用自评和师评相结合的方式进行。根据电器控制柜内型材加工的尺寸与工艺完成情况、电气盘的器件安装工艺情况、控制柜柜体器件安装工艺情况进行打分。尺寸在评价范围内得分，否则不得分；工艺满足评价要求得分，否则不得分。

拓展学习

在近几届世界技能大赛工业控制项目比赛中，ET200eco PN 分布式 I/O 设备已被多次使用，现将 ET200eco PN 分布式 I/O 设备的两种安装方式介绍如下。

一、使用导轨安装方式

1. 根据用户要求切割 500mm 导轨，并钻出适合 M8 螺丝的安装孔。安装孔的位置应距离导轨边缘 12mm，并在导轨上以 182mm 的间距均匀分布。同时使用机架螺丝将 I/O 设备固定到安装导轨上，如图 2-2-12 所示。

想一想

为什么分布式 I/O 设备在世赛中被频繁使用？其应用领域有哪些？

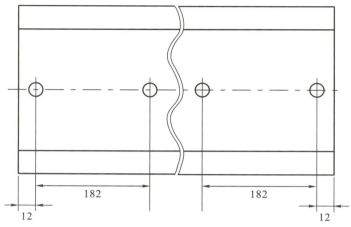

图 2-2-12　ET 200eco PN 的安装导轨

2. ET 200eco PN 可以安装在导轨的任何位置，注意在单宽模式下安装宽度为 30mm，安装高度为 200mm，安装深度为 49mm。在双宽模式下安装宽度为 60mm，安装高度为 175mm，安装深度为 49mm。

二、直接安装方式

用自攻螺丝将 I/O 设备安装在一个平面上。用螺丝将 I/O 设备固定在面板正面或侧面顶部和底部的两个安装夹具处，如图 2-2-13 所示。注意安装时必须将 I/O 设备安装在坚固的基座上，可以预先布线。

提示

直接安装时，自攻螺丝的最小长度为 35mm，所使用的垫圈都应符合 DIN125 标准。

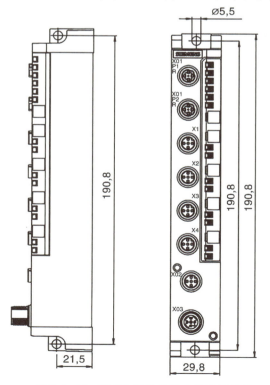

图 2-2-13　将 I/O 设备直接安装在面板上

一、思考题

1. 电气控制柜安装质量检查的内容及要求是什么?

2. 将器件直接安装在衬板上时,如何保证被安装的器件既牢固又能避免外壳及安装脚出现断裂?

二、技能训练题

某企业啤酒自动灌装生产线的硬件设备包括电源模块、CPU 模块、输入输出模块、通信模块、人机界面(HMI)和变频器等。柜体布置图、盘面布置图如图 2-2-14 所示,请根据本任务中学习到的相关加工工艺与安装规范,完成电气控制盘、柜的材料加工与器件安装。

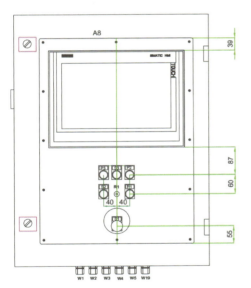

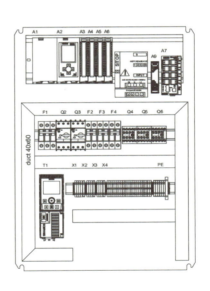

图 2-2-14　柜体及盘面布置图

任务 3 电气控制柜内线路加工与连接

学习目标

1. 能熟练识读柜内电气接线图及端子功能图。
2. 能根据任务要求，正确准备防护装备、设备、材料及工具。
3. 能根据导线、电缆、工业以太网网线加工工艺，完成电气控制柜内各线路的加工。
4. 能根据电气控制柜内线路连接工艺与规范要求，完成柜内线路连接。
5. 能在任务实施过程中，严格遵守安全操作规范，养成严谨细致、一丝不苟、精益求精的工匠精神以及安全文明操作的职业习惯。

情景任务

提示

通常电气接线图都有一些独特的绘制和表示方法，当了解柜内各类器件的特点后，完成接线能事半功倍。

在上一个任务中你已经完成了电气盘、柜型材加工与器件安装。在本次任务中，你需根据给定的电气接线图纸完成电气控制柜内线路的加工与连接，如图 2-3-1 所示。整个操作过程中应穿戴好防护用品，保护人身安全。主要任务包括：

1. 导线、电缆及工业以太网网线加工；
2. 柜内器件线路连接。

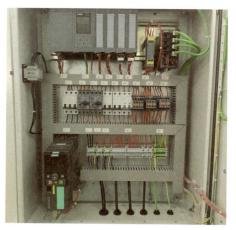

图 2-3-1 柜内接线完成图

思路与方法

一、什么是导线、电缆、工业以太网网线？

1. 导线在工业上也指电线，用来传输电能。一般内芯由铜或铝制成，外部包以轻软的绝缘保护层。

2. 电缆是由一根或几根绝缘导线组成，外面再包以金属或橡皮制的坚韧外层，作用是将电能或电信号从一处传输到另一处。如果是信号电缆，为了避免信号不受外部干扰，信号电缆外面还须包裹一层用编织铜丝网或铜箔制成的屏蔽层。

3. 工业以太网网线一般用于企业某些现场自动化设备之间的实时数据交互。由于工业以太网是应用于工业控制领域的以太网技术，故工业以太网网线可使用 5 类网线，支持 100Mbps 的以太网传输。在世赛中，使用的是基于工业以太网的 PROFINET 网络标准，其网线为 4 芯网线。相较于普通网线，工业以太网网线除了芯数与连接器有所不同外，其抗干扰能力也更强，适用于恶劣的生产环境。

想一想

本任务中使用的工业以太网网线与普通以太网网线有什么区别？

二、导线、电缆及工业以太网网线的加工工艺要求是什么？

1. 导线加工工艺要求：为了更牢固地连接线路，导线的两端都应制作接线端子。做完的接线端子底部应无铜线外露，同时能从端子顶端看到铜线，但铜线露出端子顶端部分不能超过 1mm。

2. 电缆加工工艺要求：电缆进入控制柜内铠甲层应保持完整，当电缆进入行线槽后铠甲层必须剥离，剥离长度在 5～30mm 之间。电缆芯线两端都应制作接线端子，同时电缆的备用线应做好绝缘处理。

3. 工业以太网网线加工工艺要求：网线加工时，应注意绝缘层和屏蔽层的剥离长度，同时保证工业以太网网线与网线接头压合的可靠性。

三、电气控制柜内器件的线路连接工艺与规范有哪些？

1. 按图正确接线，器件之间导线必须连接可靠。

2. 导线应排列整齐、美观、无迂回，导线绝缘良好，绝缘层无损伤。

3. 可动部位导线连接应按要求采用多股软导线连接，导线长度应留有裕量并外加保护绝缘层。

4. 不敷入行线槽的导线和电缆应固定牢固。

5. 信号线可以直接连接至相关器件的端口上。

6. 柜内器件接地线安装时应采用专用接地螺栓，确保可靠接地。

 活动

一、防护装备准备

根据任务内容准备所需的防护装备，防护装备清单如表 2-3-1 所示。

表 2-3-1　防护装备清单

序号	名称	防护部位	图示	使用场合说明
1	劳保鞋	足部		整个操作过程中确保防滑、防砸、防穿刺
2	工作服	躯干		整个操作过程中保护躯干不受外部环境产生的伤害

二、设备及器件准备

根据任务内容列出主要设备器件清单并准备器件，主要设备器件清单如表 2-3-2 所示。

表 2-3-2　主要设备器件清单

序号	名称	型号规格	数量	单位	备注
1	配电柜（大）	B 600×H 800×T250（mm）	1	个	面板与底板均开孔完毕
2	配电柜（小）	B 400×H 500×T210（mm）	1	个	底板开孔完毕
3	电气安装盘（大）		1	块	已完成器件装配
4	电气安装盘（小）		1	块	已完成器件装配
5	工业以太网接头	180° RJ45	8	个	

三、材料准备

根据任务内容列出主要材料清单并准备材料，主要材料清单如表 2-3-3 所示。

提示

工业以太网的接头可用于连接最大长度为 100m 的 IE FC2×2 网线。打开其外壳后，触点盖板上的彩色标记可方便用户将网线中的导线连接到接头上的 IDC 插针。

表 2-3-3　主要材料清单

序号	名称	型号规格	数量	单位	备注
1	多股软电线	BVR 0.75mm^2	100	m	
2	多股软电线	BVR 1.5mm^2	100	m	
3	多股软电线	BVR 2.5mm^2	100	m	
4	多股软地线（黄绿双色）	BVR 2.5mm^2	20	m	
5	电缆	0.75mm$^2 \times 3$	100	m	
6	电缆	0.75mm$^2 \times 4$	100	m	
7	电缆	1.5mm$^2 \times 4$	100	m	
8	电缆	2.5mm$^2 \times 5$	100	m	
9	以太网电缆	4 芯	20	m	
10	针型接线端子	0.75mm^2	200	个	
11	针型接线端子	0.75mm^2 并头	50	个	
12	针型接线端子	1.5mm^2	100	个	
13	针型接线端子	1.5mm^2 并头	50	个	
14	针型接线端子	2.5mm^2	100	个	
15	针型接线端子	2.5mm^2 并头	50	个	
16	O 形绝缘端头	2.5mm^2 M4	50	个	
17	O 形绝缘端头	2.5mm^2 M5	50	个	
18	O 形绝缘端头	2.5mm^2 M6	50	个	

想一想

针型接线端子与 O 形绝缘端头分别应用于什么场景？

四、工具准备

根据任务内容列出主要工具清单并准备工具，主要工具清单如表 2-3-4 所示。

表 2-3-4　主要工具清单

序号	名称	建议规格	数量	单位	外形
1	直流电动螺丝刀	DC12V 直流	1	把	
2	螺丝刀头批头	十字、一字、梅花	1	套	
3	一字螺丝刀	φ2mm、φ5mm	1	把	
4	剥线钳	6.5 英寸	1	把	
5	针型压线钳	7 英寸	1	把	
6	O 形压线钳	0.5～6mm²	1	把	
7	电缆剥皮器	4.5～25mm	1	把	
8	网线剥皮器	8mm	1	把	
9	电工剪刀	7 英寸	1	把	
10	斜口钳	5 英寸	1	把	
11	电烙铁	40W	1	把	

五、导线、电缆及工业以太网网线加工

1. 导线加工

操作要领：

（1）根据接线图选择对应导线，注意其颜色、截面积及材质要求。

（2）根据材料清单提供的接线端子的长度，调节剥线钳的剥线长度，并保证接线端子或接线片能可靠压接。剥开导线绝缘层时应当尽量避免伤及线芯，严禁断芯或断股，如图 2-3-2 所示。

想一想

为什么加工导线前要注意其绝缘层的颜色？导线不同颜色的含义是什么？

图 2-3-2　用鹰嘴剥线钳剥线

（3）导线与器件连接时，要求导线末端使用对应的接线端子。压接不同类型的接线端子应选择专用的压线钳，如图 2-3-3、2-3-4 所示。

图 2-3-3　针型接头端子压线钳

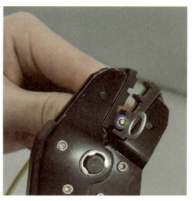

图 2-3-4　O 形接头端子压线钳

提示

针型端子要求端子末端处无铜线外露，并能从端子顶端看到铜线，铜线露出端子顶端不能超过 1mm。

O 形端子要求其插套的各端面与剥线处端面的距离不得大于 2mm，出线顶部与插套的前端面距离不得大于 2mm。

注意事项

1. 压接工具应按照操作规范合理使用。

2. 每道工序完成后必须自检，避免不合格的导线进入下个操作环节造成电气事故。

3. 批量加工导线时应做好标识，不可混乱摆放。

4. 压接超过 16mm² 导线端子时必须使用电动或液压设备进行压接。

2. 电缆加工

操作要领：

（1）根据接线图选择对应的电缆，注意其芯数、截面积及材质要求。

（2）电缆去铠甲层时应使用专用的电缆剥皮器，剥完后使用电工剪刀把多余的铠甲层去除。电缆切口部分不能成马蹄形，偏差不能超出 2mm。若电缆的铠甲层中有棉线、屏蔽层或屏蔽粉时，应将其去掉，但不能破坏其芯线的绝缘层。

（3）一般情况下电缆备用芯线预留长度应能至盘柜顶部或者线槽末端，并给备用芯线插上绝缘防护帽或使用热塑管，保证备用芯线绝缘良好。

3. 工业以太网网线加工

操作要领：

（1）使用剪线刀将网线线头剪齐，比对完长度后将线头放入网线专用剥线器，稍微用力推紧剥线器慢慢顺时针旋转，让刀口划开双绞线的绿色保护胶皮与屏蔽层，并将其去除。如图 2-3-5、图 2-3-6、图 2-3-7 所示。

图 2-3-5　网线长度比对　　图 2-3-6　网线专用剥线器　　图 2-3-7　剥完胶皮后的网线

提示

PROFINET 工业以太网网线为（白、黄、蓝、橙）4 芯线，其相对应 RJ45 接头的（1、2、3、6）4 个通道。

（2）去除绝缘胶皮后，将里面的线缆依次（从左至右：白、黄、蓝、橙）排列并理顺，排列的时候应该注意尽量避免线路的缠绕和重叠，还要把线缆尽量扯直。

（3）将整理好的线缆根据颜色提示插入金属网线头对应的 4 个穿刺接线槽内，一直插到线槽的顶端。确认无误之后把网线头的外壳盖板翻下并用小型螺丝刀锁紧锁扣，如图 2-3-8、图 2-3-9 所示。

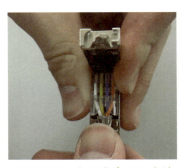 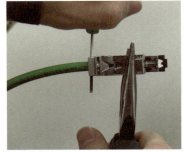

图 2-3-8　根据颜色插入线槽　　　　图 2-3-9　锁紧接头锁扣

六、柜内器件线路连接

1. 柜内电源线与信号线的连接

操作要领：

（1）根据接线图施工，导线应严格按照图纸要求正确地接到指定器件的接线柱上，柜内同一安装板上的各设备及元器件之间的连线可不经过端子排。

（2）电气柜内所有器件的连接必须使用加工完成的导线或电缆进行连接，线缆布置应符合横平竖直的配置规则，不得任意歪斜、交叉或迂回连接。在一般情况下，不允许将导线弯成类似弹簧样的圆圈后接线，但接地线例外。

（3）当绝缘导线或电缆跨接活动部分（柜门与柜体）时，应使用塑料缠绕带防止导线的绝缘层被损坏。

（4）为保证电位器焊接的效率与质量，焊接前应将导线进行搪锡处理。焊接完后，焊接点应呈圆弧形，不应有毛刺、凹凸不平之处，金属裸露处必须有热缩管保护，如图 2-3-10 所示。

想一想

焊点凹凸不平、有毛刺会对线路产生什么影响？

图 2-3-10　电位器焊接点保护

注意事项

1. 螺丝接线柱类器件（接触器、转换开关等）的接线，单根导线从接线柱左侧进入，两根导线从接线柱左右两侧进入。

2. 电缆进入控制柜内铠甲层无须剥离，电缆进入行线槽后铠甲层必须剥离，剥离长度控制在 5~30mm 之间。

2. 柜内接地线的连接

操作要领：

（1）电气柜内器件的接地线应接入柜内线路专用的接地端子上，保证接地安全可靠。

（2）电气控制柜门上的接地线可使用裸铜软线与接地的金属构架可靠地连接。端头处理应使用 O 形铜接头压接，不得直接将屏蔽带穿孔固定。

（3）柜内元器件间的接地线不得采用跨接方式进行连接。

 **总结评价**

1. 依据世赛相关评分细则，本任务的完成情况评价如表 2-3-5 所示。

表 2-3-5　任务评价表

序号	项目评价	评分标准	配分	得分
1	导线、电缆及工业以太网网线加工工艺	控制柜端子导线一端压接线端子紧固，无铜线外露，但能从端子顶端看到铜线，铜线在端子顶端不能超过 1mm，接线端子无破坏（挑选 2 处，每错一处扣 5 分）	10	
		控制柜低压器件导线一端压接线端子紧固，无铜线列外露，但能从端子顶端看到铜线，铜线在端子顶端不能超过 1mm，低压器件无破坏（挑选 2 处，每错一处扣 5 分）	10	
		控制柜信号模块导线一端压接线端子紧固，无铜线列外露，但能从端子顶端看到铜线，铜线在端子顶端不能超过 1mm，信号模块无破坏（挑选 2 处，每错一处扣 5 分）	10	
2	柜内器件线路连接工艺	控制柜内导线进出行线槽垂直，无交叉（挑选 1 处，每错一处扣 10 分）	10	
		螺丝接线柱类器件（接触器、限位开关），单根导线从接线柱左侧进入，双根导线从左右两侧接入（挑选 1 处，每错一处扣 10 分）	10	
		单个端子上连接的导线不超过 2 根（挑选 1 处，每错一处扣 10 分）	10	
		控制柜内多股同类型导线距离线槽较远时用绑扎带固定，控制柜门后部导线及电缆固定牢固，横平竖直，与控制柜门绑扎牢固，不可滑动（挑选 2 处，每错一处扣 5 分）	10	
		导线及电缆跨接活动部分时，有塑料缠绕带保护（挑选 1 处，每错一处扣 10 分）	10	
		电位器焊接焊点光滑无毛刺，热缩管保护严密，不露金属部分（挑选 1 处，每错一处扣 10 分）	10	
		电缆进入控制柜内铠甲层没有剥离现象，电缆进入行线槽后铠甲层必须剥离，剥离长度在 5~30mm 之间（挑选 1 处，每错一处扣 5 分）	5	
		绑扎带剪切平齐，不扎手（挑选 1 处，每错一处扣 5 分）	5	

想一想

为什么单根导线连接接线柱类器件时，导线要从接线柱的左侧进入？

2. 本任务的评价按照世界技能大赛评价标准，采用自评和师评相结合的方式进行，根据导线、电缆及工业以太网网线加工工艺情况、柜内器件线路连接工艺情况、控制柜柜体器件安装工艺情况进行打分，工艺满足评价要求得分，否则不得分。

拓展学习

电气控制柜中的线束布置工艺主要分为控制柜内的配线线束处理与活动门处的线束处理。世赛工业控制项目对电气控制柜中的线束布置工艺有对应的评价要求，具体如下：

一、控制柜内的配线线束处理

1. 控制柜面板后的线束必须平直，不允许出现弯曲或交叉。线束中不允许有接头或用端子做接头。

2. 控制柜内的导线一般应成束布线。线束应捆扎，以防松散。捆扎应牢靠、整齐、美观。若线路路径较长时，应适当加以固定。屏（柜、台）内应安装用于固定线束的支架或线夹。紧固线束的夹具应结实、可靠，不应损伤导线的外层绝缘。

3. 线束一般应用塑料旋绕管或尼龙扎带捆扎，尼龙扎带的捆扎间隙距离一般为 100～200mm。禁止用金属等易破坏绝缘层的材料捆扎线束。

4. 采用成束捆扎行线时，布线应将较长导线放在线束上面，分支线从后面或侧面分出。

5. 线束不能紧贴金属表面，必须悬空 3～5mm，用尼龙固定片将线束间隔固定，不得晃动。

6. 若分路到双排的仪表、按钮、信号灯、熔断器、控制开关的线束，采用中间分线的对称布置。而分路到单排的线束，则采用单侧分线的布置。

二、过活动柜门处的线束处理

1. 当导线两端分别连接可动与固定部分时（如跨门的连接线）必须采用铜多股软导线。

2. 过活动门或面板处的线束应使用线夹将一端固定在柜箱的支架上，另一端固定在活动门的支架上。

3. 过活动门或面板处线束的长度应是活动门开启到最大限度时

提示

线束原则上不应在信号灯、电阻器等发热元器件的上方布设，如需布设线路应与发热器件保持 30mm 以上的距离，并用线夹固定。

提示

过门处的线束两端固定后，线束的裕量以柜门打开不大于 100° 时，不过分拉紧并在转动中碰不到柜体为宜。

（一般为 100°），导线不受张力和拉力影响而使连接松动或损伤绝缘为原则。一般取两支架间距离的 1.2～1.4 倍，以免因弯曲产生过度张力使导线受到机械损伤。并弯成 U 形，外面套上缠绕管，以保证活动部分在开启过程中不损伤导线。

4. 线夹支架与边缘距离 ≥ 100mm，线束的弯曲半径 ≥ 100mm。

5. 过门线束截面积为 1.5mm² 不超过 30 根，截面积为 1mm² 不超过 45 根，若导线超出规定数量，可将线束分成 2 束或更多。从两处或两处以上过门，以免因线束过大，使柜门的开关不自如。

一、思考题

1. 本任务中的柜体内器件接线涉及哪几种走线工艺？

2. 在满足载流量的前提下，挑选柜内二次回路导线的截面积应符合哪些要求？

二、技能训练题

某企业啤酒自动灌装生产线的控制柜内电气盘器件布局图（如图 2-3-11 所示），请按给定的电气接线图（如图 2-3-12 所示），完成控制柜内主回路的线路制作与连接。

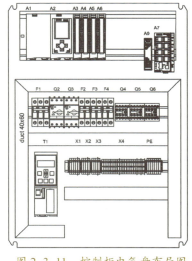

图 2-3-11　控制柜电气盘布局图

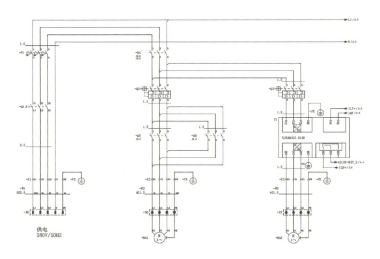

图 2-3-12　电气控制柜内主回路接线图

模块三

自动控制中心搭建

自动控制中心是指按照生产的目标和要求，对生产设备及生产线进行自动化控制，以实现设备及生产线的自动控制与运行的电气控制软硬件组合，包括自动化元器件、电气设备、线缆、控制软件等。

　　本模块针对如何建立一个自动控制中心，在安全操作的前提下，学习合理选择和使用工具对现场提供的工业自动化元器件和材料进行加工及组装，最终搭建出一套自动控制中心用于实现对某企业现场的生产过程自动化控制，并为后续编程与调试模块搭建载体。本模块分为 3 个任务：任务 1，现场墙面型材、器件的加工与安装；任务 2，现场墙面器件线路的连接与敷设；任务 3，上电安全测试。搭建完成后的自动控制中心整体效果如图 3-0-1 所示。

图 3-0-1　搭建完成的自主控制中心效果图

任务 1　现场墙面型材、器件的加工与安装

 学习目标

1. 能熟练识读现场墙面器件安装图。
2. 能根据任务要求，正确准备防护装备、设备、材料及工具。
3. 能根据现场墙面器件安装图所标注的尺寸要求，对各类型材的切割角度进行计算。
4. 能选择合适的加工工具与设备，对现场各类型材进行加工处理。
5. 能根据现场墙面型材、器件的安装工艺要求，完成墙面型材、器件的安装固定。
6. 能在任务实施过程中，严格遵守安全操作规范，养成严谨细致、一丝不苟、精益求精的工匠精神以及安全文明操作的职业习惯。

 情景任务

某企业为了研发一款新型产品配方，需搭建一套混料系统的自动控制中心，以实现对多种原材料的自动化配方测试。自动控制中心搭建的主要任务是现场墙面型材、器件的加工与安装。在本次任务中，你需根据给定现场墙面器件的安装图（3-1-12），将这些型材、器件加工成特定形状与尺寸，并固定在安装板上的指定位置，以达到企业自动化生产的控制要求，如图 3-1-1 所示。整个操作过程中应穿戴好防护用品，确保人身安全。

主要任务包括：

1. 对现场墙面使用的塑料与金属型材进行加工；
2. 现场墙面器件的定位与安装。

想一想

除了混料系统，根据图 3-1-1 现场墙面上的这些元器件，你还能联想到企业生产过程中其他生产场景吗？

图 3-1-1　自动控制中心搭建场景图

一、根据图 3-1-1 所示的自动控制中心搭建场景图，搭建该中心要用到哪些型材、器件及设备？安装前为什么要对各类型材进行加工？

本任务中的自动控制中心搭建涉及的型材、器件及设备主要包括：电气控制柜、塑料行线槽、金属桥架、金属直梯、行程开关、控制按钮盒、电机接口及接地保护端子排等。

由于现场墙面安装图中，塑料行线槽与金属桥架有特定的安装尺寸与拼接角度等要求，所以我们必须对各类型材进行加工后才能安装至现场墙面上。

二、现场墙面型材、器件有哪些安装工艺要求？

1. 墙面型材、器件安装位置必须与布局图一致。当行线槽、器件安装位置尺寸 ≥ 660mm 时，其允许误差为 ±3mm；当 330mm < 安装位置尺寸 < 660mm 时，其允许误差为 ±2mm；当安装位置尺寸 ≤ 330mm 时，其允许误差为 ±1mm。

2. 墙面型材、器件安装水平垂直位置正确。行线槽、器件水平竖直测量精度为 0.5mm/m。

3. 塑料型材拼缝紧密，拼缝处间隙应小于 1mm。

4. 左右墙面金属桥架连接牢靠，中间连接处无明显错位。

5. 所有现场墙面安装的器件须保证其完整性与稳定性，安装完成

提示

测量墙面型材、器件安装水平垂直位置时，请选择合适精度的水平尺。

后墙面上应无多余的安装孔与定位线。

三、墙面塑料行线槽的切割角度如何算出？

根据图 3-1-2 中所标的尺寸，为了计算塑料行线槽切割角度 θ，须首先计算角度 α，计算公式见式 3-1-1；再计算角度 β，计算公式见式 3-1-2；最后计算角度 θ，计算公式见式 3-1-3。

想一想

当用式 3-1-1 计算出的 α 角为 46° 时，塑料行线槽的切割角度 θ 应为多少度？

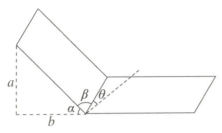

图 3-1-2　塑料行线槽切割角度计算

$$\alpha = \arctan \frac{a}{b} \quad\cdots\cdots\cdots\cdots\cdots（3\text{-}1\text{-}1）$$

$$\beta = \frac{180° - \alpha}{2} \quad\cdots\cdots\cdots\cdots\cdots（3\text{-}1\text{-}2）$$

$$\theta = 90° - \beta \quad\cdots\cdots\cdots\cdots\cdots（3\text{-}1\text{-}3）$$

四、金属桥架切割开口角度与开口长度的计算方法是什么？

根据图 3-1-3 中所标的尺寸，计算金属桥架切割开口角度 α 与切割开口长度 x。具体计算公式见式 3-1-4、3-1-5。

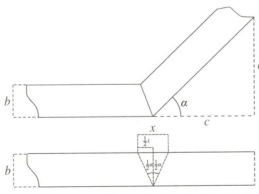

图 3-1-3　金属桥架加工角度与开口长度计算

$$\alpha = \arctan \frac{a}{c} \quad\cdots\cdots\cdots\cdots\cdots（3\text{-}1\text{-}4）$$

$$x = 2b \times \tan \frac{\alpha}{2} \quad\cdots\cdots\cdots\cdots\cdots（3\text{-}1\text{-}5）$$

五、在加工不同的型材时，如何选择合适的切割工具？

通常不同种类的型材其材质与特性都不一样，为了提高加工效率和成品质量，加工各类型材时必须选择合适的工具。针对本次任务中所需切割的型材材质特性，并结合各类电动工具切割的性能和特点，给大家推荐了几款较合适的型材切割工具，如表 3-1-1、表 3-1-2 所示。

提示

由于在世赛比赛中，比赛现场不允许有明火与火花产生，所以选择加工工具时，除了考虑切割效率与质量外，还须考虑加工时是否会产生火花。

表 3-1-1　塑料型材切割工具

加工对象		常用工具	推荐工具
塑料型材	PVC 管	手锯、线锯、PVC 管割刀、曲线锯、塑料型材切割机	塑料型材切割机（速度快、效率高）
	行线槽	手锯、线锯、曲线锯、塑料型材切割机	塑料型材切割机（切割精确高，毛刺少）

表 3-1-2　金属型材切割工具

对象		常用工具	推荐工具及原因
金属型材	无螺纹管	金属切割机、金属割刀、曲线锯、钢锯、角磨机	金属割刀（比赛场地不允许有火花产生）
	托盘式桥架	钢锯、曲线锯、角磨机	曲线锯（比赛场地不允许有火花产生）
	网格桥架	液压钳、角磨机、金属切割机、曲线锯、钢锯	液压钳或曲线锯

 活动

一、防护装备准备

根据任务内容准备所需的防护装备，防护装备清单如表 3-1-3 所示。

表 3-1-3 防护装备清单

序号	名称	防护部位	图示	使用场合说明
1	护目镜	眼部		型材切割时防止颗粒物等异物溅入眼睛。
2	劳保鞋	足部		整个操作过程中确保防滑、防砸、防穿刺。
3	工作帽	头部		整个操作过程中防止头部受到撞击。
4	工作服	躯干		整个操作过程中保护躯干不受外部环境产生的伤害。
5	防割手套	手部		在去金属毛刺时防止被刺伤或划伤。

二、设备及器件准备

根据任务内容列出主要设备器件清单并准备设备器件，主要设备器件清单如表 3-1-4 所示。

表 3-1-4 主要设备器件清单

序号	名称	型号规格	数量	单位	备注
1	配电柜（大）	B 600×H 800×T250（mm）	1	个	
2	配电柜（小）	B 400×H 500×T210（mm）	1	个	
3	限位开关	1NO/1NC 缓动触点	6	个	
4	限位开关	1NO/1NC 瞬动触点	2	个	
5	1孔塑料防护外壳	1孔	1	个	
6	2孔塑料防护外壳	2孔	3	个	
7	指示灯	白	2	个	
8	LED 灯座	白	2	个	
9	指示灯	黄	3	个	
10	LED 灯座	黄	3	个	
11	电位器安装盒	83×81×56（mm）	1	个	
12	电位器	1kΩ 5% 2W	1	个	

提示

限位开关的瞬动触点无论执行速度如何，常闭触点和常开触点都会同时动作，故障时可能出现短时间的常开常闭同时闭合的情况。因此常应用于机械精度要求较低的场合。

（续表）

序号	名称	型号规格	数量	单位	备注
13	电位器旋钮	/	1	个	
14	CEE 插座－4 极	4 极	2	个	
15	塑料滑块	VR25.5, B35×H50（mm）	2	个	
16	塑料滑块	VR25.5, B35×H100（mm）	1	个	

三、材料准备

根据任务内容列出主要材料清单并准备材料，主要材料清单如表3-1-5 所示。

表 3-1-5　主要材料清单

序号	名称	型号规格	数量	单位	备注
1	塑料行线槽	W60×H60×L2000（mm）	3	根	
2	无螺纹金属管	VR25 2000mm	1	根	
3	塑料管	VR25 2000mm	1	根	
4	保护导体端子	/	1	个	
5	塑料管夹	VR25	12	个	
6	金属桥架	W100×H60×L2000（mm）	2	根	
7	金属直梯	50×50×1000（mm）	2	根	
8	金属直梯	35×15×1000（mm）	1	根	
9	螺丝	M4×10（mm）	50	个	
10	螺母	M4×10（mm）	50	个	
11	自攻螺丝	3.5×20（mm）	200	个	
12	自攻螺丝	3.5×45（mm）	200	个	
13	垫片	M4×15（mm）	100	个	
14	垫片	M5×30（mm）	30	只	
15	电缆槽90°弯头	H60mm	1	个	
16	电缆槽保护边	/	2	米	
17	墙面金属支架	/	15	个	

提示

金属桥架一般分为无孔拖盘金属桥架、有孔拖盘金属桥架、梯式桥架及网格桥架等。本任务中使用有孔拖盘金属桥架。

四、工具准备

根据任务内容列出主要工具清单并准备工具，主要工具清单如表 3-1-6 所示。

表 3-1-6 主要工具清单

序号	名称	建议规格	数量	单位	外形
1	直流电动螺丝刀	DC12V 直流	1	把	
2	螺丝刀头批头	十字、一字、梅花	1	套	
3	公制卷尺	3m	1	把	
4	水平尺	0.5mm/m	1	把	
5	塑料切割机	无	1	台	
6	工具包	无	1	个	
7	激光水平仪	2线2点	1	个	
8	电工剪刀	7英寸	1	把	
9	斜口钳	5英寸	1	把	
10	防护直尺	2m	1	把	
11	贴尺	2m	4	卷	
12	曲线锯	无	1	台	
13	平板锉刀	无	1	个	
14	套筒	M4、M5	1	个	

五、型材加工

1. 塑料行线槽与线管的加工

操作要领：

（1）根据安装图纸中塑料行线槽的长度与尺寸计算切割角度。

提示

塑料线管也称绝缘电工套管，是一种白色的硬质 PVC 胶管，一般可用于高温、多尘、有震动及有火灾危险的场所。

（2）切割方法与电气控制柜内行线槽切割方法类似，此处不多赘述。

（3）对于切割好的行线槽可根据安装图纸要求，使用电钻在行线槽外壁及底部开信号电缆通孔与安装孔，并对其进行去毛刺处理。

（4）根据安装图纸尺寸要求使用塑料型材切割机对塑料线管进行切割，并做去毛刺处理。

2. 金属桥架的加工

操作要领：

（1）根据安装图纸中金属桥架尺寸，计算切割角度与开口长度。

（2）计算完金属桥架的切割角度与开口长度后，用记号笔在桥架表面做好标记，再使用曲线锯进行切割，如图3-1-4所示。

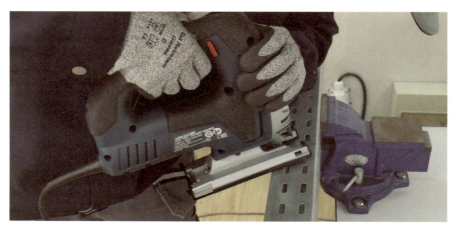

图 3-1-4　金属桥架加工

（3）切割完成后使用锉刀对桥架的开口及终端处进行去毛刺处理，并套上绝缘护边套。

3. 无螺纹金属管加工

操作要领：

（1）将待切割的金属管用台虎钳夹持牢固，量出切割长度，并做好记号。

（2）一只手持割刀，另一只手旋转调节手柄，使开口合适。将割刀套入管子，使刀刃对准记号处，轻划一圈。

（3）割刀刚开始初割时，进刀量可稍大一些，随后每次进刀量逐渐减小。割刀的转动方向与开口方向一致，不能倒转，用力要均匀，同时割刀不可左右摇动，如图3-1-5所示。

提示

金属加工及后期检验时，必须佩戴防切割手套，避免金属毛刺划伤手指。

图 3-1-5　无螺纹金属管加工

（4）金属管件即将割断时，用力要轻，一只手扶住管件，直到管件割断。

（5）割下的金属管可使用刮刀与砂块对其进行去毛刺处理。

注意事项

进刀深度每次不超过螺杆半转为宜，割刀每转一周加一次力，酌情可加一次机油。

六、现场墙面器件定位与安装

1. 墙面器件定位

操作要领：

（1）定位基准线：使用激光水平仪确定现场墙体的安装水平与垂直的基准线，并用记号笔标记出来。一般水平基准线可定在墙体顶端向下 200～300mm 的区域，垂直基准线定在距墙体拼缝中心处 10～30mm 以内，如图 3-1-6 所示。

提示

为避免由于激光水平仪零位不准引起的测量误差，因此在使用前必须对激光水平仪的零位进行校对或调整。

图 3-1-6　用激光水平仪定位基准线

（2）器件位置定位：根据器件安装图，确定塑料行线槽、控制按钮盒、限位开关、金属桥架、大小控制箱柜等电气器具的安装位置，从始端至终端（先干线后支线）找好水平或垂直线，并用可擦除记号笔标记器件安装位置，如图3-1-7所示。

图3-1-7　器件位置定位

2. 现场墙面器件安装

操作要领：

（1）塑料行线槽槽板安装时应紧贴安装背板表面，安装位置正确，固定牢固，无盖板扭曲、翘角、变形等现象。线槽拼接时须把转角处线槽之间的棱角削成弧形，以免割伤导线绝缘层，线槽的拼缝处应严密平整，无缝隙，如图3-1-8所示。

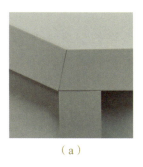
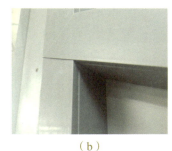

（a）　　　　　　　　　　（b）　　　　　　　　　　（c）

图3-1-8　塑料行线槽安装拼缝

（2）金属桥架固定支架须安装牢固，同时保证横平竖直。固定支架间距一般不应大于1.5～2m。桥架线槽整体平整，无扭曲变形。桥架线槽转角连接处应采用连接板，用垫圈与螺丝螺母紧固，接茬处缝隙应严密平齐，如图3-1-9所示。

提示

一般使用自攻螺丝固定线槽，先固定线槽两端，再固定中间。

图 3-1-9　金属桥架连接

（3）控制按钮盒与限位开关安装时注意安装位置正确，固定牢固，同时保证横平竖直，如图 3-1-10 所示。

提示

如遇到限位开关安装点鼓包，测量时应避开鼓包点。

图 3-1-10　限位开关安装

（4）控制柜安装时应根据先前标记好的柜体位置进行固定，待柜体固定好后再安装电气工程盘。安装盘面要求平整，周边间隙均匀对称，不歪斜，同时螺丝垂直受力均匀。最后在柜体底板的出线通孔上安装防水接头。

 **总结评价**

1. 依据世赛相关评分标准，本任务的完成情况评价如表 3-1-7 所示。

表 3-1-7　任务评价表

序号	评价项目	评分标准	分值	评分
1	型材加工工艺	墙槽去毛刺、无尖锐部分（挑选5处，每错一处扣2分）	10	
		墙面管件切口平齐（挑选5处，每错一处扣2分）	10	
2	现场器件安装尺寸、水平及工艺	器件安装尺寸 ≥ 660mm，允许误差 ±3mm；330mm < 器件安装尺寸 < 660mm，允许误差 ±2mm；器件安装尺寸 ≤ 330mm，允许误差 ±1mm（挑选10处，每错一处扣2分）	20	
		墙面线槽、设备水平竖直测量精度0.5mm/m（挑选10处，每错一处扣2分）	20	
		线槽正确对接，信用卡不能插入（挑选5处，每错一处扣2分）	10	
		器件固定牢固 – 用手不能晃动（挑选5处，每错一处扣2分）	10	
		墙面无多余可见的安装孔（每发现一处扣10分，扣完即止）	10	
		墙面无可见的标记线（标记线不大于10mm）（每发现一处扣5分，扣完即止）	5	
		墙面安装的器件无配件丢失（每发现一处扣5分，扣完即止）	5	

2. 本任务的评价按照世界技能大赛评价标准，采用自评和师评相结合的方式进行，按型材加工的尺寸工艺完成情况、现场器件安装尺寸及工艺情况进行打分，安装尺寸在评价范围内得分，否则不得分；工艺满足评价要求得分，否则不得分。

提示

金属桥架又称电缆桥架，由支架、托臂和安装附件组成。金属桥架一般分为槽式、托盘式、梯架式与网格式等。

拓展学习

生产设备的电力传输、信号传递等都依靠电缆，而金属桥架则能将这些电缆很好地保护起来不受外界的伤害，因此金属桥架在企业生产现场随处可见。现在让我们一起来了解一下企业中金属桥架的安装规范。

1. 金属桥架在水平安装时，按荷载曲线选取最佳跨距进行支撑，跨距一般为 1.5～3m。垂直敷设时，其固定点间距不宜大于 2m。

2. 金属桥架在跟其他用电设备交越时，两者之间的距离不得小于 0.5m。如果是两组金属桥架处于同一高度的水平敷设状态，两者之间的距离同样不得小于 0.5m。

3. 金属桥架在向下进行引点位置延伸时，须采取直角形式。而少量的电缆在向下进行延伸时，则可借助导板或引管。

4. 金属桥架如果需要贴近地面进行架设时，架设位置至少要高出地面 2.5m，其顶部与其他的障碍物之间的距离不能小于 0.5m。

5. 一般情况下电缆放置在金属桥架内部的中央处，同时布放时电缆应该尽量顺直不要发生交叉现象，另外线缆也不应该出现溢出现象，如果遇到拐弯处，一定要采取绑扎固定。垂直布放电缆时，应注意每间隔 1.5m 处固定在桥架的支架上。

想一想

当电缆在桥架内水平敷设时，电缆的首、尾及转弯处应间隔多少米进行固定？

 **思考与练习**

一、思考题

1. 本任务中的塑料行线槽安装施工工艺标准是什么？

2. 根据已知现场墙面行线槽尺寸，如图 3-1-11 所示，求 α 的角度。

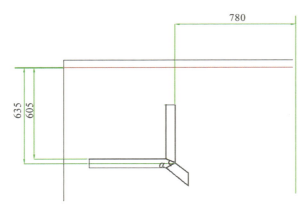

图 3-1-11 现场墙面行线槽尺寸图

二、技能训练题

图 3-1-12 为某企业自动输送线的现场墙面器件安装图，请根据图中所标注的尺寸要求，完成墙面型材、器件的加工与安装。

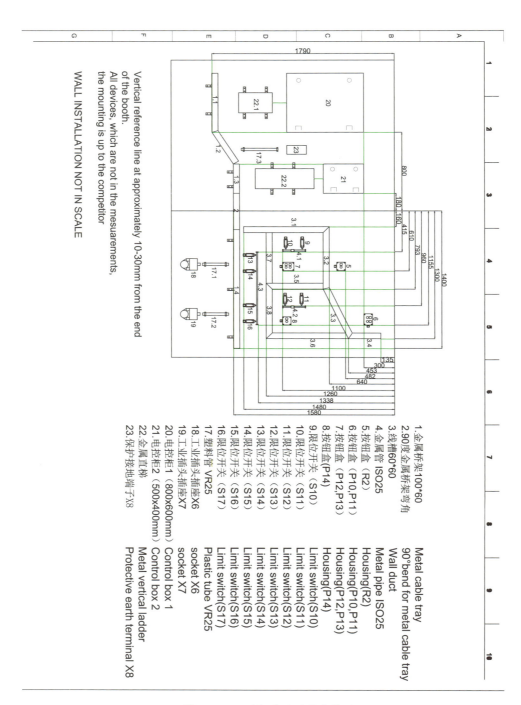

图 3-1-12　现场墙面器件安装图

任务2　现场墙面器件线路的连接与敷设

 学习目标

1. 能熟练识读电气设备接线端子图与电缆清单。
2. 能根据任务要求，正确准备防护装备、设备、材料及工具。
3. 能根据线路连接与敷设工艺规范，完成现场器件之间的线路连接。
4. 能根据现场墙面器件的接地规范，正确连接现场器件的接地线。
5. 能在任务实施过程中，严格遵守安全操作规范，养成严谨细致、一丝不苟、精益求精的工匠精神以及安全文明操作的职业习惯。

 情景任务

在上一个任务中，你已经完成了现场墙面型材、器件的加工与安装。本次任务你将根据给定的现场墙面器件安装图、电缆列表以及端子列表，将固定在墙面上的器件按电缆敷设要求进行整体连接，同时对现场的设备器件做接地保护处理，保障用电安全。整个操作过程中应穿戴好防护用品，确保人身安全。主要任务包括：

1. 现场墙面器件之间的线路连接与敷设；
2. 现场墙面器件的接地处理。

 思路与方法

一、为什么要对现场墙面器件进行线路连接？

在生产现场，为了实现现场传感器与控制器、控制器与控制器之间的数据采集或交互，需要连接信号电缆和通信电缆；为了给控制系统和执行元件提供电能，需要连接电源线与动力线。

想一想

动力线、开关量信号线、模拟量信号线以及通信网线分别使用在哪些器件上？

二、什么是线路敷设？线路敷设主要有哪几种方式？

将现场提供的电缆与导线根据器件安装图与接线图给定的路径进行布放的过程称为线路敷设。敷设这些电缆与导线的主要方式有直埋、穿管、金属桥架、电缆沟、电缆隧道等。

三、现场电缆导线连接与敷设的工艺规范有哪些？

1. 严格按照电缆传输的性质进行分类，将高压动力电缆、低压动力电缆、开关量信号电缆、模拟量信号电缆及通信电缆分开，避免不同信号之间的相互干扰。

2. 电缆（线）路应按最短途径集中敷设，横平竖直、整齐美观、不宜交叉。

3. 敷设电缆时应合理安排，不得产生扭绞、打圈等现象，敷设时应防止电缆之间及电缆与其他硬物体之间的摩擦。固定时，松紧应适度，不应受到外力的挤压和损伤。

4. 在行线槽或桥架中，多芯电缆的弯曲半径不应小于其外径的6倍。

5. 信号电缆（线）与电力电缆交叉时，宜成直角。当平行敷设时，其相互间的距离应符合设计规定。

6. 电缆进入控制柜内应保持铠甲层的完整，当电缆进入柜内行线槽后铠甲层必须剥离，剥离长度在 5～30mm 之间。

7. 使用电缆剥皮器对电缆进行铠甲层的剥离，所有导线都必须使用接线端子。

8. 电缆布放在桥架上必须绑扎。绑扎后的电缆应互相紧密靠扰，外观平直整齐。线扣间距均匀，松紧适度。

9. 在槽道中布放电缆可以不绑扎，槽内电缆应顺直，尽量不交叉。在电缆进出槽道部位和电缆转弯处应绑扎或用塑料卡捆扎固定。

四、本任务中哪些现场器件必须连接接地线？

必须妥善连接接地线的器材包括：

1. PLC、HMI、变频器、电机等。

2. 墙面控制柜柜体、面板及衬板等的金属框架和底座。

3. 交、直流电力电缆的接头盒、终端头的金属外壳和电缆的金属护层、可触及的电缆金属保护管和穿线的钢管。

4. 金属电缆桥架、支架和井架。

提示

电缆及接地线在敷设时必须保证外部绝缘完整，线路之间保持合理间距。

活动

一、防护装备准备

根据任务内容准备所需的防护装备，防护装备清单如表 3-2-1 所示。

表 3-2-1　防护装备清单

序号	名称	防护部位	图示	使用场合说明
1	劳保鞋	足部		整个操作过程中确保防滑、防砸、防穿刺
2	工作服	躯干		整个操作过程中保护躯干不受外部环境产生的伤害

二、设备及器件准备

根据任务内容列出主要设备器件清单并准备设备器件，主要设备器件清单如表 3-2-2 所示。

表 3-2-2　主要器件清单

序号	名称	型号规格	数量	单位	备注
1	配电柜（大）	B 600×H 800×T250（mm）	1	个	安装完成
2	配电柜（小）	B 400×H 500×T210（mm）	1	个	安装完成
3	工业以太网接头	RJ45	8	个	

三、材料准备

根据任务内容列出主要材料清单并准备材料，主要材料清单如表 3-2-3 所示。

表 3-2-3　主要材料清单

序号	名称	型号规格	数量	单位	备注
1	多股软电线	BVR 0.75mm^2	100	m	
2	多股软地线（黄绿双色）	BVR 2.5mm^2	100	m	
3	电缆	0.75mm^2×3	100	m	

想一想

0.75mm^2 的铜芯多股软电线最大的载流量为多少？

（续表）

序号	名称	型号规格	数量	单位	备注
4	电缆	$0.75mm^2 \times 4$	100	m	
5	电缆	$1.5mm^2 \times 4$	100	m	
6	电缆	$2.5mm^2 \times 5$	100	m	
7	以太网电缆	6XV1870-2B	20	m	
8	欧式管型接线端子（针型线鼻）	$0.75mm^2$	200	个	
9	欧式管型接线端子（针型线鼻）	$1.5mm^2$	100	个	
10	欧式管型接线端子（针型线鼻）	$2.5mm^2$	100	个	
11	圆形预绝缘端头（O型线鼻）	$2.5mm^2$；M4	50	个	
12	圆形预绝缘端头（O型线鼻）	$2.5mm^2$；M5	50	个	
13	圆形预绝缘端头（O型线鼻）	$2.5mm^2$；M6	50	个	
14	圆形预绝缘端头（O型线鼻）	$2.5mm^2$；M8	50	个	
15	电缆密封套	$M16 \times 1.5$	1	个	
16	自锁螺母	$M16 \times 1.5$	1	个	
17	电缆密封套	$M20 \times 1.5$	20	个	
18	自锁螺母	$M20 \times 1.5$	20	个	
19	电缆密封套	$M25 \times 1.5$	1	个	
20	自锁螺母	$M25 \times 1.5$	1	个	
21	热缩管	$\varphi 8mm$	20	m	
22	焊锡丝	$0.8mm^2$	1	m	

提示

热缩管又称为绝缘套管，一般用于线缆与器件的连接处，起到密封、防水、防尘和绝缘的作用。

四、工具准备

根据任务内容列出主要工具清单并准备工具，主要工具清单如表3-2-4所示。

表 3-2-4 主要工具清单

序号	名称	建议规格	数量	单位	外形
1	直流电动螺丝刀	DC18V	1	把	
2	螺丝刀头批头	十字、一字、梅花	1	套	
3	一字螺丝刀	φ5mm	1	把	
4	一字螺丝刀	φ2mm	1	把	
5	剥线钳	6.5英寸	1	把	
6	针型压线钳	7英寸	1	把	
7	O型压线钳	0.5～6mm²	1	把	
8	电缆剥皮器	4.5～25mm²	1	把	
9	网线剥皮器	8mm²	1	把	
10	电工剪刀	7英寸	1	把	
11	斜口钳	5英寸	1	把	
12	热风枪	50℃～450℃	1	把	
13	电烙铁	40W	1	把	

提示

热风枪使用时，应注意加热的距离和时间。温度的设定值不能超过热缩管的耐温上限，否则会使热缩管发生"熔化"现象。

为什么要在所有的电缆起始两端都绑扎标签?

五、现场墙面电缆导线的连接与敷设

操作要领:

1. 根据图纸尺寸要求,置备电气控制柜与现场墙面器件各器件之间的电源线、通信电缆、动力电缆及接地线。

2. 将各类电缆电线从控制柜中引出,通过金属桥架或塑料行线槽,将电缆接入现场墙面的各器件中去。

3. 将写上电缆序号的标签绑扎在电缆的两端。

注意事项

1. 在同一金属桥架内的不同信号、不同电压等级的电缆,应分类布置,如图 3-2-1 所示。

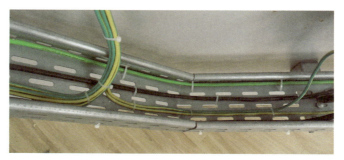

图 3-2-1　不同信号、不同电压等级的电缆的布置

2. 所有电缆在布放前两端应贴有标签,以表明起始和终端位置,标签书写应清晰、端正和正确,如图 3-2-2 所示。

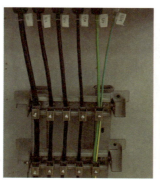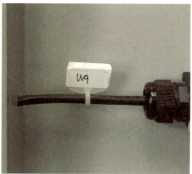

图 3-2-2　电缆起始端和终端的标签

3．为保证电缆与器件敷设的可靠性，电缆进入信号灯、控制按钮盒、限位开关内，电缆铠甲层应和防水接头内部保持平齐或突出不超过2mm，保持可见，如图3-2-3所示。

图3-2-3　电缆进限位开关时铠甲层的处理

4．电缆进入信号灯、控制按钮盒内护套电缆应预留备用线，预留长度约能接到最远端的端子，同时须做绝缘处理，如图3-2-4所示。

图3-2-4　控制盒内预留线的绝缘处理

五、现场墙面器件的接地

现场墙面上所有电力装置的外露可导电部分，除另有规定外，均应保护接地。如：电气控制柜、金属桥架、金属直梯、电机等。

操作要领：

1．选择黄绿双色的电线作为接地线。

2．保护接地线截面积选择必须有足够的导电能力、热稳定性。电气保护接地的主干线选用 $6mm^2$ 的接地线；线排主接地线选用 $2.5mm^2$ 的接地线；设备、仪器接地连接线应不小于 $1.5mm^2$。

83

3. 保护接地线上不得安装熔断器和单独的断流开关。

4. 所有器件外露导体与保护接地线进行可靠连接，如图 3-2-5 所示。

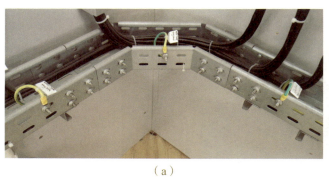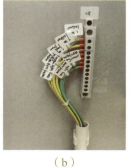

（a） （b）

图 3-2-5 线路保护接地的处理

 总结评价

1. 依据世赛相关评分标准，本任务的完成情况评价如表 3-2-5 所示。

表 3-2-5 任务评价表

序号	评价项目	评分标准	分值	评分
1	电缆敷设工艺	电缆进入信号灯、按钮盒、限位开关内，电缆铠甲层和防水接头内部保持平齐或突出不超过 2mm，保持可见（挑选 5 处，每错一处扣 4 分）	20	
		电缆进入控制柜内铠甲层没有剥离现象，电缆进入行线槽后铠甲层必须剥离，剥离长度在 5～30mm 之间（挑选 5 处，每错一处扣 4 分）	20	
		电缆标签完整，标签方向统一，标签高度一致，文字应直接写在标签上，字迹清晰不易擦除（挑选 5 处，每错一处扣 4 分）	20	
		扎带绑扎间隔均匀，固定电缆牢固，电缆整理无扭曲，电缆出控制柜垂直，每处电缆分支处均有独立的绑扎带固定（挑选 5 处，每错一处扣 4 分）	20	
		电缆进元器件和控制柜时应锁紧防水接头，线牢固，用手轻拽不会滑动（挑选 5 处，每错一处扣 2 分）	10	
2	接地线连接	墙面所有接地线牢固，用手轻拽不会滑动（挑选 5 处，每错一处扣 2 分）	10	

2. 本任务的评价按照世界技能大赛评价标准，采用自评和师评相结合的方式进行，根据电缆电线连接、敷设与接地连线接完成工艺情况进行打分，工艺满足评价要求得分，否则不得分。

 拓展学习

在世界技能大赛工业控制项目中，许多线路的敷设方式与线缆清单上的线缆材质类型会使用一些术语来标识，选手须根据这些术语正确选择电缆敷设方式与线缆材质类型，以下是线路敷设操作时经常使用的术语：

想一想

使用电缆桥架敷设术语缩写 CT 的英语全称为 installed in cable tray，那么其他术语的缩写英语全称是什么？

一、电气线路敷设常用方式英语缩写

1. PR——使用塑料行线槽敷设
2. MR——使用金属线槽敷设
3. SC——穿钢管敷设
4. PC——穿硬聚氯乙烯管敷设
5. CT——使用电缆桥架敷设

二、电线与电缆材质类型英语缩写

1. BV 铜芯聚氯乙烯绝缘无护套电线，俗称塑铜
2. BVR 铜芯聚氯乙烯绝缘，俗称软铜
3. NHBV 耐火型铜芯聚氯乙烯绝缘电线
4. BLV 铝芯聚氯乙烯绝缘电线
5. RV 铜芯聚氯乙烯绝缘连接软电线
6. RVV 铜芯聚氯乙烯绝缘聚氯乙烯护套连接软电线，比 RV 多了一层塑料护套

注意事项

其中代码 B 表示该线为布电线，一般适用电压范围为 300～500V。代码 V 表示绝缘材料为 PVC 聚氯乙烯（塑料）；代码 R 表示为软的意思，为多股导线。

一、思考题

1. 本任务中电缆连接与敷设的工艺要求有哪些？

2. 接地线接线端子制作时，如果顶部铜线露出端子超过 2mm，那么这个接地端子制作是否符合工艺标准？为什么？

二、技能训练题

根据某企业自动运输线的电缆清单表 3-2-6、接线端子图 3-2-6，完成现场墙面器件线路连接与敷设。

表 3-2-6　电缆清单

电缆标号	电缆型号和规格	始端		终端	描述
W1	RVV-5G2，5	X1	→	X0	Power Supply 3x400V + N + PE
W2	RVV-4G1，5	X2	→	X6	CEE socket 400V（MA1）
W3	RVV-4G1，5	X3	→	X7	CEE socket 400V（MA2）
W4	RVV-4G0，75	X4	→	X5	Power Supply 24V/DC control box 2
W5	RV-6	Control Box 2 PE	→	X8	protective earth terminal
W6	RVV-3G0，75	ET200SP	→	S10	Limit switch
W7	RVV-3G0，75	ET200SP	→	S11	Limit switch
W8	RVV-3G0，75	ET200SP	→	S12	Limit switch
W9	RVV-3G0，75	ET200SP	→	S13	Limit switch
W10	RVV-3G0，75	ET200SP	→	S14	Limit switch
W11	RVV-3G0，75	ET200SP	→	S15	Limit switch
W12	RVV-3G0，75	ET200SP	→	S16	Limit switch
W13	RVV-3G0，75	ET200SP	→	S17	Limit switch
W14	RVV-3G0，75	ET200SP	→	P10	Signal lamp
W15	RVV-4G0，75	ET200SP	→	P10, P11	Signal lamp
W16	RVV-4G0，75	ET200SP	→	P13, P14	Signal lamp
W17	RVV-4G0，75	ET200SP	→	R2	potentimeter

（续表）

电缆 标号	电缆型号和 规格	始端		终端	描述
W18	RV-6	X5 PE	→	X8	Profinet cable to ET200 SP
W19	IE-cable	X208	→	ET200SP	protective earth terminal

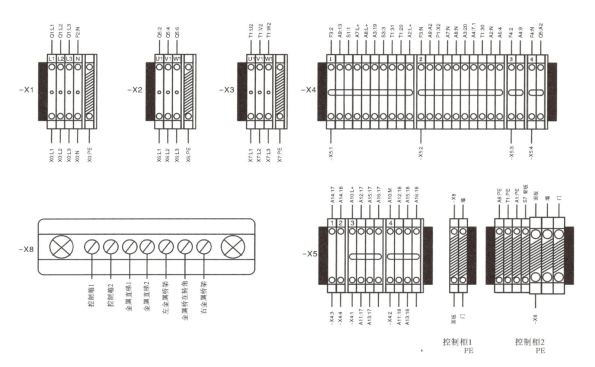

图 3-2-6　接线端子图

任务 3　上电安全测试

 学习目标

1. 能正确理解上电安全测试清单。
2. 能根据国家相关的规程及技术标准正确使用仪器仪表与电工工具。
3. 能根据上电测试清单要求完成对系统的低阻、绝缘、电压、功能测试。
4. 能在任务实施过程中，严格遵守安全操作规范，养成严谨细致、一丝不苟、精益求精的工匠精神以及安全文明操作的职业习惯。

 情景任务

　　在上两个任务中，你已完成了自动控制中心的硬件搭建。本次任务请你根据电气设备安全上电要求，完成对自动控制中心的上电安全测试，记录并填写测试清单。整个操作过程中应穿戴好防护用品，确保人身安全。主要任务包括：

　　1. 使用仪器仪表对系统进行低阻测试、绝缘测试、电压测试及功能测试；

　　2. 记录并完成上电安全测试清单的填写。

 思路与方法

提示

绝缘防护装备的选择很关键，我们应该时刻关注防护装备的有效期。大部分绝缘装备为橡胶制品，长时间或在恶劣环境下存储都会影响其防护的有效性。

一、为什么要对新搭建的自动控制中心进行上电安全测试？

　　上电安全测试是为了保证电气设备的安全运行，预防电气设备由于接线错误引起器件损坏，通过测试能有效掌握各电气器件接地的可靠性以及电源各相之间的绝缘情况，对发现的线路故障进行排除，对发现的故障器件进行更换。

二、上电安全测试主要分为哪几部分内容？

　　上电安全测试主要分为外观检测、低阻测试、绝缘测试、电压测试及功能测试五部分。

三、为什么要进行外观检测、低阻测试、绝缘测试、电压测试及功能测试？

外观检测是为了检验现场搭建的自动控制中心内有无明显遗漏安装或损坏的设备与导线，降低安全隐患。

低阻测试是为了保证所有器件在单一绝缘失效的情况下不会变成带电体，并确保使用者接触到的导电部件都能可靠地接到电源输入的接地点。低阻测试通过测量连接在保护接地端子或接地触点与器件之间的阻值来判断是否符合标准，当阻值不超出产品安全标准规定的某个值则认为是符合要求的。

绝缘电阻测试是为了发现绝缘材料中的明显绝缘缺陷，可根据所测绝缘电阻阻值发现电气设备绝缘介质中是否存在绝缘异物、绝缘局部或整体受潮、绝缘击穿及严重热老化等缺陷。

电压测试是为了判断系统的工作电压是否正常，是否存在电源缺相的情况。同时通过电压测试可对三相电源相序旋转方向进行检测，判断电源进线顺序是否连接正确。

功能测试是对已搭建完成的器件与设备进行功能检验。通过逐级上电测试各设备的功能是否正常，确保完全供电后自动控制中心运行安全可靠。

> **想一想**
>
> 在电压测试时，若发现输入端子三相电压缺一相，可能是什么原因引起的？

四、上电安全检测的步骤有哪些？

1. 穿戴安全防护装备；

2. 检测用仪器，仪表校验；

3. 使用万用表进行低阻测试并记录设备低阻测试结果；

4. 使用多功能测试仪进行绝缘电阻测试并记录设备绝缘电阻测试结果；

5. 使用万用表进行电压测试并记录电压测试结果；

6. 对各器件进行功能测试并记录测试结果。

 活动

一、防护装备准备

上电安全测试任务所需的防护装备清单如表 3-3-1 所示。

表 3-3-1　上电安全测试防护装备清单

序号	名称	防护部位	图示	使用场合说明
1	劳保鞋	足部		整个操作过程中确保绝缘、防滑、防砸、防穿刺。
2	工作服	躯干		整个操作过程中保护躯干不受外部环境产生的伤害
3	护目镜	眼部		通电检测时防止电火花灼伤眼睛
4	乳胶绝缘手套	手部		通电检测时防止触电

二、工具准备

上电安全测试任务所需的工具清单如表 3-3-2 所示。

表 3-3-2　上电安全测试主要工具清单

序号	名称	建议规格	数量	单位	外形
1	万用表	数字型	1	台	
2	多功能测试仪	无	1	台	
3	相序旋转指示仪	无	1	台	

三、上电安全测试

1. 外观检测

操作要领：

（1）根据现场布置图、电气接线图目测安装设备是否齐全，有无明显遗漏安装的设备及导线。

（2）填写外观检测清单。

表 3-3-3　上电安全报告外观检查清单填写

检测项目	通过	不通过
电气控制柜 1		
电气控制柜 2		
现场墙面器件与设备		
保护接地		

注意事项

填写外观检测清单时要仔细核对图纸，确保所有器件安装完成。

2. 低阻测试

操作要领：

（1）根据低阻测试清单，测量控制柜内器件对接地端的阻值，如图 3-3-1 所示。

想一想

若在低阻测试时，所有测试点的阻值都大于 0.5Ω，那问题可能出现在哪？

图 3-3-1 低阻测量

（2）根据低阻测试清单，测量现场墙面电气装置对接地端的阻值。

（3）填写低阻测试清单。

表 3-3-4 低阻测试清单

1号电气控制柜				
序号	始端		终端	
1	CEE-plug/PE	→	X1/PE	Ω
2	CEE-plug/PE	→	Panel	Ω
3	CEE-plug/PE	→	Side wall	Ω
4	CEE-plug/PE	→	Door	Ω
5	CEE-plug/PE	→	S7-rack	Ω
6	CEE-plug/PE	→	T1-PE	Ω
7	CEE-plug/PE	→	A8/PE（HMI）	Ω

2号电气控制柜				
序号	始端		终端	
1	CEE-plug/PE	→	X1/PE	Ω
2	CEE-plug/PE	→	Panel	Ω
3	CEE-plug/PE	→	Side wall	Ω

现场墙面安装器件				
序号	始端		终端	
1	CEE-plug/PE	→	Vertical ladder1	Ω
2	CEE-plug/PE	→	Vertical ladder2	Ω
3	CEE-plug/PE	→	Cable tray right side	Ω
4	CEE-plug/PE	→	Cable tray corner	Ω
5	CEE-plug/PE	→	Cable tray left side	Ω
6	CEE-plug/PE	→	MOTOR MA1	Ω
7	CEE-plug/PE	→	MOTOR MA2	Ω
8	CEE-plug/PE	→	X8	Ω

注意事项

1. 从结构和设计观点来看被保护接地的导体不应该包含任何的开关或保险丝。

2. 测量低阻时，可以使用低电阻测量仪测量，本任务中采用高精度数字万用表的电阻挡进行低电阻测量，每处测量点的对地电阻值小于 0.5Ω 视为接地良好。

提示

绝缘测试前，为了保护电气设备，须将所有接口松开，绝缘测试完成再接回。

3. 绝缘测试

操作要领：

（1）根据绝缘测试清单，测量主电路接地端与各相电源相线之间绝缘电阻。

（2）根据绝缘测试清单，测量主电路各相电源相线之间绝缘电阻。

（3）填写绝缘测试清单。

表 3-3-5　绝缘测试清单

主电路 X1 至供电电源			
序号	始端	终端	
1	CEE-plug/PE	→	L1, L2, L3, N	MΩ
2	X1/L1, L2, L3	→	L1, L2, L3, N	MΩ

主电路 X2 至工业接口 X6			
序号	始端	终端	
1	X2/PE	→	X2/L1, L2, L3	MΩ
2	X2/L1, L2, L3	→	X2/L1, L2, L3	MΩ

主电路 X3 至工业接口 X7			
序号	始端	终端	
1	X3/PE	→	X3/L1, L2, L3	MΩ
2	X3/L1, L2, L3	→	X3/L1, L2, L3	MΩ

注意事项

　　测量绝缘电阻时，本任务中采用多功能测试仪的绝缘电阻测试挡进行绝缘电阻测试，测量点之间阻值大于500MΩ 视为绝缘良好，如图 3-3-2 所示。使用多功能测试仪测量时必须提前穿戴好手套、护目镜、电工鞋等绝缘防护装备。

图 3-3-2　测量绝缘电阻

想一想

绝缘测试除了使用多功能测试仪以外，还能使用什么仪表？

4. 电压测试

操作要领:

(1) 根据电压测试清单, 测量电源各相线与零线之间的相电压及电源各相线之间的线电压, 测试方法如图 3-3-3 所示。

图 3-3-3　测量输入线电压

(2) 根据电压测试清单, 测量电源旋转磁场方向, 测试方法如图 3-3-4 所示。

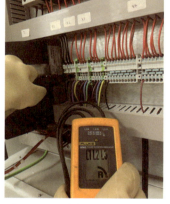

图 3-3-4　电源旋转磁场方向

(3) 填写电压测试清单。

表 3-3-6　电压测试清单

序号	始端		终端	
1	L1-X1	→	N-X1	V
2	L2-X1	→	N-X1	V
3	L3-X1	→	N-X1	V
4	L1-X1	→	L2-X1	V
5	L1-X1	→	L3-X1	V
6	L2-X1	→	L3-X1	V

5. 功能测试

操作要领：

（1）根据功能测试清单，穿戴好防护装备后测量漏电保护器功能。

（2）根据测试清单，依次测试绝缘开关 Q1，断路器 F1、F2、F3、F4 的功能。

（3）根据测试清单，继续测试急停功能、复位功能。

（4）填写功能测试清单。

表 3-3-7　功能测试清单

测试 Q1 功能				
序号	始端		终端	合上 / 断开 Q1
1	L1-F1	→	N-X1	/V
2	L2-F1	→	N-X1	/V
3	L3-F1	→	N-X1	/V
4	L1-F1	→	PE-X1	/V
5	L2-F1	→	PE-X1	/V
6	L3-F1	→	PE-X1	/V
7	L1-F1	→	L2-F1	/V
8	L1-F1	→	L3-F1	/V
9	L2-F1	→	L3-F1	/V

测试 F1、F2 功能		
序号	测试项目	有（OK）	无（NOT OK）
---	---	---	---
1	合上 Q1、F1，测试 F2 进线是否有交流 230V		
2	合上 F2，测试 F2 出线是否有交流 230V		

测试 F3 功能		
序号	测试项目	有（OK）	无（NOT OK）
---	---	---	---
1	合上 PLC 供电电源，测试 F3、F4 进线是否有直流 24V		
2	合上 F3，测试 F3 出线是否有直流 24V		

测试急停与复位功能			
序号	测试项目	有（OK）	无（NOT OK）
1	按下急停开关 S1，主电路电源断开		
2	按下复位按钮 S2，主电路电源接通		

测试 F4 功能			
序号	测试项目	有（OK）	无（NOT OK）
1	合上 PLC 供电电源，合上 F4，测试 F4 出线是否有直流 24V		

 总结评价

1. 依据世赛相关评分标准，本任务的完成情况评价如表 3-3-8 所示。

表 3-3-8　任务评价表

序号	评价项目	评分标准	分值	评分
1	外观测试报告	完成外观测试报告的填写（每错一处扣 5 分，扣完即止）	10	
2	低阻测试并填写测试报告	完成低阻测试表的填写，测量各待测点对地电阻值，各被测点阻值应小于 0.5Ω（挑选 5 处，每错一处扣 4 分，扣完即止）	20	
3	绝缘测试并填写测试报告	完成绝缘测试表的填写，测量各待测点之间的电阻值，各被测点阻值应大于 500MΩ（挑选 5 处，每错一处扣 4 分，扣完即止）	20	
4	电压测试并填写测试报告	完成电压测试表的填写，根据合闸顺序测量各待测点之间的电压数据（挑选 5 处，每错一处扣 4 分，扣完即止）	20	
5	功能测试并填写测试报告	完成功能测试表的填写，依次合上断路器检测电气控制设备的各个功能是否正常（每错一处扣 5 分，扣完即止）	20	
6	穿戴安全防护装备	上电安全测试时，选手应主动正确穿戴安全防护装备，遗忘或穿戴错安全防护装备（每提醒一次扣 5 分，扣完即止）	10	

2. 本任务的评价结合世界技能大赛评价标准，采用自评和师评相结合的方式进行。根据上电安全测试报告完成情况及测试数据的正确情况进行评分，被测数据在评价范围内得分，否则不得分。

拓展学习

作为电气设备的运维人员,在实际生产工作中除了必须掌握电气设备的上电安全检测流程外,还必须了解电气设备安全操作的注意事项,具体如下:

1. 电气运维人员必须具备必要的电工知识,熟悉供电系统和各种电气设备的性能与操作方法,并具备在异常情况下采取相应措施的能力。

2. 未经允许,非电气运维人员不得擅自进入配电室内。

3. 电气运维人员进入配电室内应保持头脑清醒,严禁带电操作,做好绝缘防护工作。

4. 电气运维人员应定期检查绝缘工具的绝缘效果,保证绝缘工具及设备的清洁和干燥,不得损坏工具和设备。

5. 电气运维人员必须每天巡查配电室一次,并做好巡查记录。

6. 配电室内严禁存放易燃易爆物品及杂物,保持室内干净整洁。保证应急照明在停电状态下可正常使用,保证消防器具完好齐备。

7. 配电室内应根据季节特点做好相应的防潮、防火、防小动物的安全措施。

8. 配电室内禁止乱放、乱接、乱拉电线(电缆)。

9. 停电拉闸操作必须按照"断路器—负荷侧隔离开关—母线侧隔离开关"的顺序依次操作。送电合闸操作应按与上述相反的顺序进行,严防带负荷拉闸。

10. 用绝缘棒拉合高压刀闸或经传动机构拉合高压刀闸和断路器开关时,都必须穿戴合格的绝缘手套和绝缘靴,雷电时禁止进行拉合高压刀闸操作。

11. 电气设备停电时,在未拉开刀闸和未作好安全措施以前应视为有电,不得触及设备或进入栅栏,以防突然来电。

12. 施工和检修需要停电时,值班人员应认真做好停电、验电、装设临时接地线及悬挂标识牌等安全措施后,方可开始工作。在施工和检修工作结束后,方可拆除安全设施,恢复送电。

13. 停电时必须切断各种可能来电的回路电源,不能只断开断路器进行工作,而必须将断路器手车摇至试验(摇出)位置,使各回路至少有一个明显的断开点。

14. 验电时必须使用电压等级合适且合格的验电器,在检修设备进出线两侧分别验电。验电前应先在有电的设备上试验证明验电器良好,

提示

电气运维人员安全口诀:
持证上岗是前提,
岗位责任要熟记;
执行规程必严格,
防护用品穿戴齐;
设备巡检要全面,
值班运行记录全;
绝缘用具定期检,
规范使用和保管;
警示标牌正确用,
设备场所勤保洁;
图示说明要清晰,
配电去向标正确;
线路设备配开关,
电流匹配是关键;
电路敷设依标准,
设备接地要保证;
用电不得超负荷,
临时用电严监管;
应急预案定期演,
关键时刻降风险。

高压设备验电时必须穿戴绝缘手套。

15. 在一经合闸即可送电到检修地点的开关和倒闸操作把手上都应挂"严禁合闸，有人工作"的标识牌，工作地点应悬挂"在此工作"的标识牌。

16. 雷雨天气需要巡查电器设备时，应穿绝缘鞋，并不得靠近避雷器与避雷针。

17. 电器设备发生火灾时，应及时切断电源，灭火器应采用四氯化碳、二氧化碳或干粉灭火器。

思考与练习

一、思考题

1. 在企业中除了使用多功能测试仪测量绝缘电阻外，还能使用什么工具对绝缘电阻进行测量？

2. 电压测试时，若发现测得的旋转磁场方向与设定方向相反，该如何纠正？

二、技能训练题

请根据某企业液位控制系统的现场墙面器件与柜内器件布局图（图3-3-5），设计并完成上电测试报告。

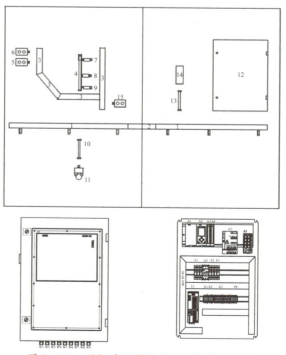

图 3-3-5　现场墙面器件与柜内器件布局图

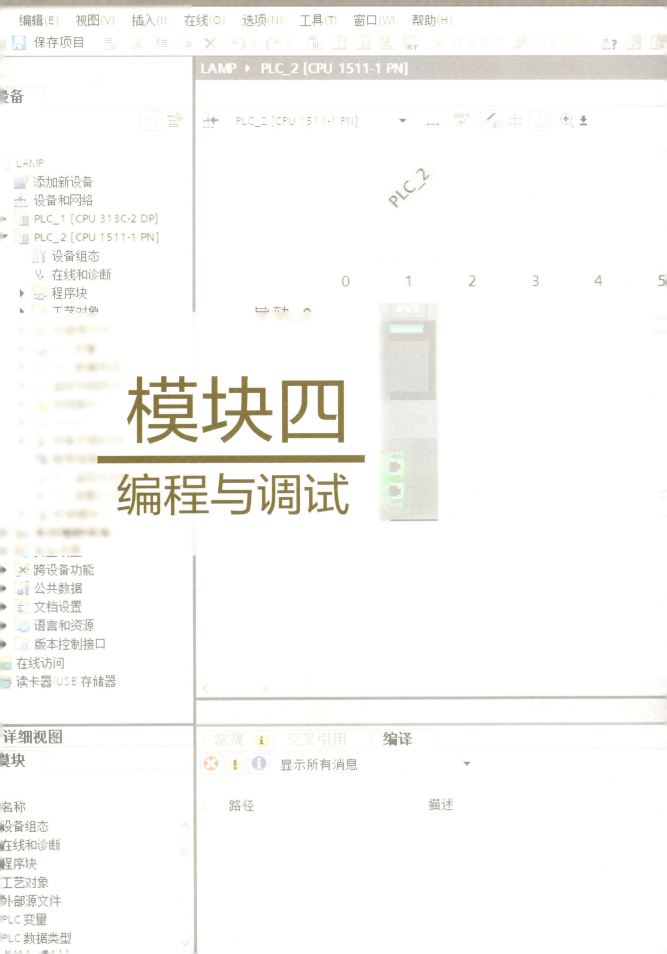

模块四
编程与调试

编程与调试是指按照控制系统的要求,进行 PLC 程序设计与调试。程序设计时应将控制任务进行分解,编写完成不同功能的程序块。编写的程序要进行模拟运行与调试,检查逻辑及语法错误,观察在各种可能的情况下各个输入量、输出量之间的变化关系是否符合设计要求,发现问题及时修改程序。

本模块分为 4 个任务,任务 1,PLC 控制系统硬件组态;任务 2,PLC 程序设计;任务 3,人机界面设计与组态;任务 4,PLC 控制系统综合调试。通过本模块的学习能让操作人员掌握 PLC 硬件配置、程序设计和调试方法与技巧,最终完成与硬件的联合调试和结果演示。编程和调试过程的现场如图 4-0-1、图 4-0-2 所示。

图 4-0-1　编程现场

图 4-0-2　调试现场

任务 1 PLC 控制系统硬件组态

 学习目标

1. 能熟练使用相关软件,创建、编辑项目。
2. 能准确选用 PLC 控制系统各模块硬件型号,熟练完成 PLC 硬件配置。
3. 能理解 PROFINET 网络,完成 PLC、变频器、分布式 I/O 及人机界面（HMI）各项参数设置及通信配置。
4. 能正确实现系统硬件组态。
5. 能在任务实施过程中,养成严谨细致、一丝不苟、精益求精的工匠精神。

 **情景任务**

　　某企业的自动搅拌生产线由传送带和搅拌罐两部分组成,传送带由电动机控制,电动机可正反转实现运料小车的运料工作;搅拌罐可以进料也可以出料,搅拌罐出来的物料可以直接通过阀门出料至运料小车,也可以加热后再出料。

　　为通过 PLC 实现该生产线的自动化控制工艺,你将要完成的任务是在编程软件中实现相应模块的组态连接,且 PLC 主站与其他模块间能进行通信。给定的自动搅拌生产线控制系统拓扑结构如图 4-1-1 所示。

想一想

该系统可以用 S7 系列的哪种 PLC 进行硬件配置?

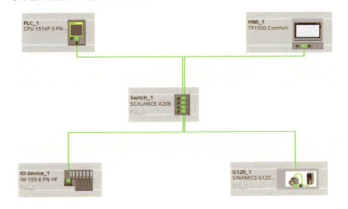

图 4-1-1　系统拓扑结构

提示

高版本的 CPU 支持的组态控制应用中可以包含 CP/CM,但是这些模块必须保留在其组态的插槽中。

一、什么是 PLC 控制系统？ PLC 控制系统中一般包括哪些硬件？

PLC 控制系统是在传统的顺序控制器的基础上引入了微电子技术、计算机技术、自动控制技术和通信技术而形成的一代新型工业控制装置，目的是用来取代继电器、执行逻辑、计时、计数等顺序控制功能，建立柔性的远程控制系统。具有通用性强、使用方便、适应面广、可靠性高、抗干扰能力强、编程简单等特点。

根据设计要求，PLC 控制系统中一般包括 PLC 主站、人机界面（HMI）、变频器和分布式 I/O 模块等硬件设施。

二、什么是 PLC 控制系统硬件组态？ 硬件组态的功能是什么？

PLC 控制系统硬件组态是在博途软件中配置整个系统与硬件有关的所有信息，包括各个模块设备名、各种参数以及其中各个输入/输出通道的地址等，而这些信息需要编译并下载到 CPU 模块中。CPU 根据这些组态信息识别各个模块，配置各个模块的参数、关联输入/输出映像存储器与各个模块中的输入/输出通道上的数据，以及通过硬件组态，CPU 获知总线上的各个设备及它们需要的通信数据格式，并在总线上周期性地访问各个设备，进行数据交互。

三、硬件组态的实现方法是什么？ 如何进行在线设置？

硬件组态的实现可以通过在线设置来进行，在线设置则是连接实际存在的硬件模块，直接设置硬件模块内的参数，每一个设置都直接改变实际硬件中的相应信息，直接配置某个硬件模块的 IP 地址、设备名等。

四、PLC 控制系统中硬件组态的具体步骤是什么？

第一步：根据整个控制系统的硬件结构，确认所有硬件设备的型号。

第二步：在第一步的基础上分别配置出主机架上的各个模块、分布式 I/O 机架、分布式 I/O 机架上的模块、HMI 以及变频器等设备的接口参数（如 IP 地址、子网掩码、设备名称等）。

第三步：在第二步的基础上，通过"硬件组态"，配置出整个项目的硬件状况。

一、系统硬件型号确认

操作要领：

1. 设备型号识别

西门子 PLC 所有硬件设备的型号都标定在设备上，根据已经给定的自动搅拌生产线上的硬件设备，识别所有硬件设备的订货号及版本号。

2. 设备型号确认

自动搅拌生产线上的硬件设备包括电源模块、CPU 模块、输入输出模块、通信模块、分布式 I/O 模块、人机界面（HMI）和变频器等。根据任务分析及后续扩展需要，自动搅拌生产线上的硬件设备明细表如表 4-1-1 所示。

想一想

订货号和版本号有什么区别呢？

提示

当鼠标选中硬件目录的设备订货号时，展开硬件目录下方的信息窗口，可选择该设备的版本号。

表 4-1-1　自动搅拌生产线上的硬件设备明细表

模块		型号	订货号
PLC 主站	电源模块	PM1507 190W	6EP1333-4BA00
	CPU 模块	CPU1516 - 3PN/DP	6ES7 516-3FN01-0AB0
	数字量输入模块	DI32x 24VDC HF	6ES7 521-1BL00-0AB0
	数字量输出模块	DQ32x 24VDC/0.5A HF	6ES7 522-1BL01-0AB0
	模拟量输入模块	AI8xU/I/RTD/TC ST	6ES7 531-7KF00-0AB0
	模拟量输出模块	AQ 4xU/I ST	6ES7 532-5HD00-0AB0
分布式 I/O 模块	接口模块	IM 155-6 PN HF	6ES7 155-6AU01-0CN0
	数字量输入模块	DI8x24VDC HF	6ES7 131-6BF00-0CA0
	数字量输出模块	DQ8x24VDC/0.5A HF	6ES7 132-6BF00-0CA0
	模拟量输入模块	AI2xU/I 2-、4-wire HS	6ES7 134-6HB00-0DA1
	模拟量输出模块	AQ 2xU/I HS	6ES7 135-6HB00-0DA1
变频器	控制单元	CU250S-2 PN Vector	6SL3246-0BA22-1FA0
	功率单元	IP20 U 400V 0.75kW	6SL3210-1PE12-3ULx
人机界面（HMI）	西门子 15 寸触摸屏	TP1500 Comfort	6AV2 124-0QC02-0AX0

二、系统硬件组态设置和通信配置

操作要领：

1. PLC 主站硬件组态参数设置和通信配置

（1）在 TIA 博途软件下新建自动搅拌生产线项目，添加表 4-1-1 中 PLC 主站相关硬件模块，设备名称为 PLC_1，如图 4-1-2 所示。

（2）在 CPU 主站属性视图中，添加新子网"PI/NE_1"，设置 PROFINET 接口的 IP 地址，如图 4-1-3 所示。

想一想

PLC 支持的通信方式有哪些？

想一想

为什么 IP 地址的末尾数字最高只可设为 255？

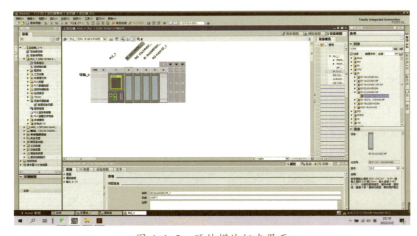

图 4-1-2　硬件模块组态界面

图 4-1-3　IP 地址设置

2. 人机界面(HMI)硬件组态参数设置和通信配置

按照表 4-1-1 添加 SIMATIC HMI 人机界面设备,生成名为"HMI_1"的面板;在 HMI 设备组态视图下,将 HMI 连接到子网"PI/NE_1"中,设置 PROFINET 接口属性中的 IP 地址。

3. 分布式 I/O 模块硬件组态设置和通信配置

按照表 4-1-1 添加分布式 I/O 接口模块以及相应的输入输出模块。在分布式 I/O 设备属性中修改设备名称为"ET200",并分配 IP 地址。

4. 变频器进行组态、参数设置和通信配置

(1)按照表 4-1-1 添加 SINAMICS G120 变频器的控制单元和功率单元。

(2)在变频器设备属性中修改设备名称为"g120",并分配 IP 地址。

(3)变频器调试中共有 12 个参数需要设置,在图 4-1-4 所示的"调试向导"窗口中选择需要设置的参数,按照给定的自动搅拌生产线的设计要求进行修改。

想一想

实际电机的类型有哪些?接线类型有哪些?

图 4-1-4　变频器参数调试向导

在设备和网络视图下,选择好正确的变频器型号后,单击驱动 1,单击调试,调试向导中包含了变频器所需设置的各项参数。

应用等级:选择"专家";设定值指定:选择"基本定位器通过 PLC 控制";开环/闭环控制方式的功能模块:选择"工艺控制器""扩展显示信息/监控";设定值/指令源的默认值中将报文配置选择为:"标准报文 1";驱动设置中设备输入电压根据实际电机电压值设置;驱动选件设置为:"无筛选";电机配置选择"输入电机数据",根据所使用的实际电机情况选择电机类型为"异步电机",接线类型选择"星形",电机的参数根据电机的铭牌进行设置;电机参数设置完毕后,在重要参数中

想一想

为什么要进行变频器参数的设置?参数设置时需要注意什么?

还需设置电机的上升时间和下降时间，这两个时间根据实际的工艺要求设置；驱动功能中的电机识别选择"禁用"，计算电机参数选择"全部计算"；编码器不选择。至此，完成变频器的相关参数设置。

> **注意事项**
>
> 1. 常规模式下，模块经过硬件配置并下载到 CPU 后，实际模块的型号和所占槽位必须与硬件配置相一致。
>
> 2. 在主站 CPU 模块的属性中，保护属性可设置 CPU 的读 / 写保护以及访问密码。
>
> 3. 在主站 CPU 模块的属性中，要注意激活系统和时钟存储器。
>
> 4. 变频器参数设置中，特定参数应根据实际需求修改。
>
> 5. 硬件设备的 IP 地址设置也可以在硬件全部配置完成后一起设定。

三、系统硬件组态

操作要领：

1. 计算机 IP 地址设置

修改计算机 IP 地址，一般 S7-1500 的 IP 地址默认为"192.168.0.1"，这个 IP 地址可以不修改，但必须保证计算机的 IP 地址与 S7-1500 的 IP 地址在同一网段。

2. 控制系统硬件模块编译

下载硬件组态之前要对选中的硬件模块进行"编译"，如果硬件组态没有错误，则编译成功。

3. 在编译正确的前提下，将硬件配置下载到 CPU 中

> **提示**
>
> 计算机的 IP 地址末尾数字在与 S7-1500 的 IP 地址不冲突的前提下，可以设为 0~255 中的任意一个整数。

> **提示**
>
> 变频器的参数设置必须根据实际电机情况设置。

> **注意事项**
>
> 1. 硬件配置下载过程中，须根据实际情况对 PG/PC 接口参数进行设置，找到所连接的 CPU。
>
> 2. 下载预览中的"同步"动作选项须改为"强制下载到设备"；"驱动 _1"须勾选"将参数设置保存在 EERPOM 中"；"HMI_1"须勾选"全部覆盖"。

 **总结评价**

1. 依据世赛相关评分细则，本任务的总结评价如表 4-1-2 所示。

表 4-1-2　任务评价表

序号	评价项目	评分标准	分值	评分
1	PLC 主站设置	PLC 主站电源模块配置正确（5分，每错一处扣5分，扣完即止）	30	
		PLC 主站数字量输入模块配置正确（5分，每错一处扣5分，扣完即止）		
		PLC 主站数字量输出模块配置正确（5分，每错一处扣5分，扣完即止）		
		模拟量 PLC 主站输入模块配置正确（5分，每错一处扣5分，扣完即止）		
		PLC 主站模拟量输出模块配置正确（5分，每错一处扣5分，扣完即止）		
		PLC 主站通信配置正确（5分，每错一处扣5分，扣完即止）		
2	人机界面（HMI）	人机界面（HMI）硬件配置正确（10分，每错一处扣10分，扣完即止）	20	
		人机界面（HMI）通信配置正确（10分，每错一处扣10分，扣完即止）		
3	PLC 从站设置	分布式 I/O 模块硬件配置正确（10分，每错一处扣10分，扣完即止）	20	
		分布式 I/O 模块通信配置（10分，每错一处扣10分，扣完即止）		
4	变频器	变频器硬件配置正确（10分，每错一处扣10分，扣完即止）	20	
		变频器通信配置正确（10分，每错一处扣10分，扣完即止）		
5	系统硬件组态	系统硬件编译正确（5分，每错一处扣5分，扣完即止）	10	
		系统硬件下载成功（5分，每错一处扣5分，扣完即止）		

小贴士

世界技能大赛评价标准会细化到项目操作的每一步。

2. 本任务的评价按照世界技能大赛评价标准，采用自评和师评相结合的方式进行，按各模块是否达到要求逐项进行评价。硬件配置正确、通信功能实现、系统状态正常得分，否则不得分。具体分值按照评价细则，在各模块设置过程中分步确定。

提示

自动获取的方式并不能获取所有的硬件信息。

一、自动检测 CPU 主机架硬件信息

硬件组态中的中央机架除了通过软件添加的方式，还可以使用检测功能来配置 SIMATIC S7-1500 中央机架。

SIMATIC S7-1500 CPU 具有自动检测功能，可以检测中央机架上连接的模块并上传到离线项目中。在"添加新设备"→"SIMATIC S7-1500"目录下，找到"非指定的 CPU 1500"，点击"确定"按钮创建一个未指定的 CPU 站点。可以通过两种方式将实际型号的 CPU 分配给未指定的 CPU：

（1）通过拖放操作的方式将硬件目录中的 CPU 替代未指定的 CPU；

（2）设备视图下，选择未指定的 CPU，在弹出的菜单中点击"获取"，或者通过菜单命令中的"在线"→"硬件检测"，这时将检测 SIMATIC S7-1500 中央机架上的所有模块。检测后的模块参数具有默认值。实际 CPU 和模块的已组态参数及用户程序不能通过"检测"功能读取上来。

二、网络视图下分配设备名称

提示

PROFINET 设备名称和 IP 地址必须唯一，不可重复。

PROFINET 通信的站点通过设备名来识别，对相关站点分配相应的设备名还可以通过如下操作实现。在网络视图下，用右键点击 PN 网络，在弹出的菜单中选择分配设备名称选项，如图 4-1-5 所示。

在弹出的分配 PROFINET 设备名称窗口内，依次选择要分配的设备名称、PG/PC 接口的类型、PG/PC 接口，更新列表。在更新后的可访问节点中选择需要被分配的相应设备分配名称。分配设备名称操作完成后，在可访问节点中可见到确定的状态，并在在线状态信息栏中可见到相应信息。

提示

网络视图下分配设备名称操作见视频资源：系统的网络、IP 地址和硬件名称设置。

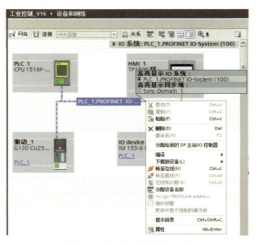

图 4-1-5　分配设备名称

思考与练习

一、思考题

1. 将 SINAMAICS G120 变频器连接到 S7-1500 的自动化控制系统中，如何组态网络参数，设置变频器参数，控制变频器 G120 的启停、调速以及读取变频器状态和电动机实际转速？

2. S7-1500PLC 能否同时存在 PN 主站和 PN 从站？

3. S7-1500PLC 故障安全型与普通型有什么区别？组态时有什么区别？

小贴士

变频器参数的设置和读取都可以在博图软件中实现。

二、技能训练题

某企业自动加热生产线的硬件设备包括电源模块、CPU 模块、输入输出模块、通信模块、人机界面（HMI）和变频器等。自动灌装生产线的硬件设备明细表如表 4-1-3 所示，在 TIA 博途软件中完成 PLC 主站、HMI 人机界面和变频器的组态连接及通信设置。

表 4-1-3 自动灌装生产线的硬件设备明细表

模块	子模块	型号
PLC 主站	电源模块	PM1507 70W
	CPU 模块	CPU1512-1PN
	数字量输入模块	DI32×24VDC HF
	数字量输出模块	DQ32×24VDC/0.5A HF
	模拟量输入模块	AI8×U/I/RTD/TC ST
	模拟量输出模块	AQ 4×U/I ST
变频器	SINAMICS G120	CU250S-2 PN Vector V4.6
	子模块	标准报文 1，PZD-2/2
人机界面（HMI）	TP1500 Comfort	6AV2 124-0GC02-0AX0

任务 2　PLC 程序设计

学习目标

1. 能根据项目要求，进行控制流程分析。
2. 能根据控制要求，完成主程序设计。
3. 能根据控制要求，完成手动功能程序设计。
4. 能根据控制要求，完成自动功能程序设计。
5. 能在任务实施过程中，养成严谨细致、一丝不苟、精益求精的工匠精神。

情景任务

想一想

自动模式和手动模式应该如何互锁？编程应该如何实现？

想一想

主程序和子程序应该如何设置？如何划分功能？

　　某企业自动搅拌生产线的生产流程如图 4-2-1 所示，该系统由传送带和搅拌罐两部分组成，搅拌罐有两个进料口和两个出料口，开关启动后，液料进入搅拌罐进行搅拌，待搅拌完成后可由出料口一和运料小车、传送带实现运料工作；也可由出料口二出料到加热罐中进行加热，待加热完成后由运料小车和传送带进行运料工作。该系统有手动和自动两种模式可供选择。

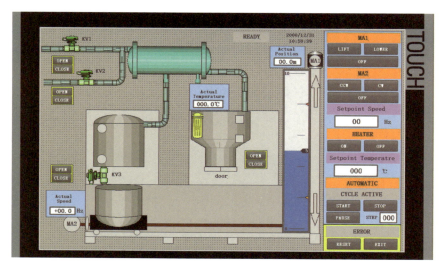

图 4-2-1　自动搅拌生产线的生产流程示意图

　　为了通过 PLC 编程实现生产线工艺流程的设计，你将要完成的任

务是应用 TIA 博途软件编写相应的 PLC 控制程序实现自动搅拌生产线
的所有功能。

思路与方法

一、PLC 程序的编程语言有哪些?

常用型号的可编程控制器(如 SIMATIC S7-1500)可支持的 PLC
程序编写语言有 5 种,包括:梯形图 LAD(Ladder Logic Programming
Language)、语句表 STL(Statement List Programming Language)、功能块
图 FBD(Function Block Diagram Programming Language)、结构化控制
语言 SCL(Structured Control Language)和图表化的 GRAPH 等。每种
语言的应用特点如下:

(1)LAD:梯形图和继电器原理图类似,采用诸如触点和线圈等元
素符号表示要执行的指令。这种编程语言适合于对继电器控制电路比
较熟悉的技术人员。程序以一个或多个程序段(梯级)表示,程序段左
右两侧各包含一条母线,分别是左母线和右母线,程序段由各种指令组
成,程序外观如图 4-2-2 所示。

想一想

不同的编程语
言之间有什么
区别?

图 4-2-2　LAD 程序举例

(2)STL:语句表的指令丰富,它采用文本编程的方式,编写的程
序简洁,适合熟悉汇编语言的人员使用。对于有计算机编程基础的用
户来说,使用语句表编程比较方便且功能强大。但是不同的 PLC 生
产厂家的语句表指令的助记符和操作数的表示方法不相同,对应于图
4-2-2 的梯形图指令,用语句表编写的程序为:

O　%M40.5
O　%M40.4
=　%M6.1

(3)FBD:功能块图使用不同的功能"盒"相互搭接成一段程
序,逻辑采用"与""或""非"进行判断。与梯形图相似,编程指令

提示

与经典 STEP7
相比,TIA 博
途 中 SCL、
LAD/FBD 与
STL 编译器是
独立的,这 4
种编程语言的
效率是相同的。
除 LAD、FBD
以外,各语言
编写的程序间
不能相互转化。

也可以直接从指令集窗口中拖放出来使用，大部分程序可以与梯形图程序相互转换。对应于图4-2-2中的程序，用FBD编写的程序如图4-2-3所示。

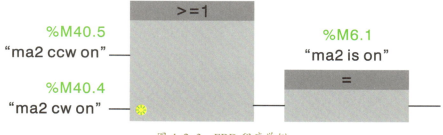

图 4-2-3　FBD 程序举例

（4）SCL：结构化控制语言是一种类似于PASCAL的高级编程语言，除PLC典型的元素（例如：输入/输出、定时器、符号表等）之外还具有以下高级语言特性：循环、选择、分支、数组、高级函数等。SCL非常适合于复杂的运算功能、数学函数、数据管理和过程优化等，是今后主要的和重要的编程语言。

想一想

GRAPH 适用于所有的项目吗？

（5）GRAPH：一种图表化的语言，非常适合顺序控制程序，添加了诸如顺控器、步骤、动作、转换条件、互锁和监控等编程元素。任何一种编程语言都有相应的指令集，指令集包含最基本的编程元素，用户可以通过指令集使用基本指令编写函数块和数据块。

二、PLC 程序中变量表的实现方法是什么？

PLC变量表（Tag table）包含在整个CPU范围有效的变量和符号常量的定义中。系统会为项目自动创建一个PLC变量表，用户也可以创建其他变量表用于对变量和常量进行归类与分组。

在TIA Portal软件中添加了CPU设备下出现的一个PLC变量（PLC tags）文件夹，在该文件夹下显示三个选项，分别是"显示所有变量"（Show all tags）、"添加新变量表"（Add new table）和"默认变量表"。

提示

变量在命名时应与其意义有关，这样可以提高程序的可读性。

双击"显示所有变量"，则工作区中以三个选项卡（变量、用户常量和系统常量）分别显示全部的PLC变量、用户常量和CPU系统常量，如图4-2-4所示。该表不能删除或移动。

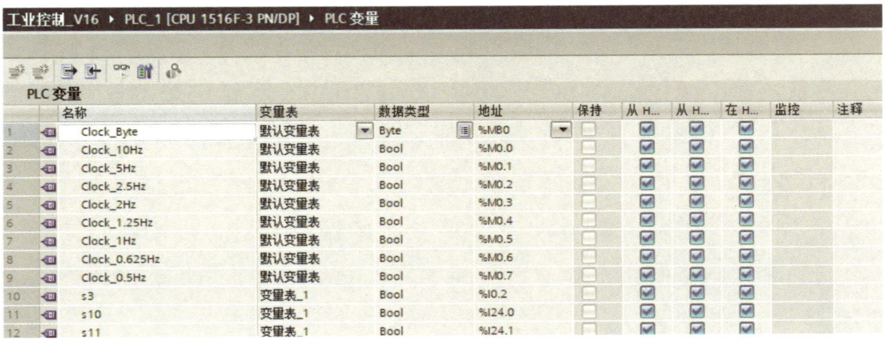

图 4-2-4 显示所有变量

三、如何定义全局符号？

在变量表中定义变量和常量，所定义的符号名称允许使用字母、数字和特殊字符，但不能使用引号。变量表中的变量均为全局变量，在编程时可以使用全局变量的符号进行寻址，从而提高程序的可读性。

对于自动搅拌生产线，可将 I/O 变量和需要使用的内存变量在变量表中定义全局符号。

双击"FillingLine"打开该变量表，并定义 V0 变量的符号，如图 4-2-5 所示。在变量表"MTC"中所定义的符号如图 4-2-6 所示，后续可根据编程需要进行添加。

提示

变量在命名时候应跟其意义有关，这样可以提高程序的可读性。

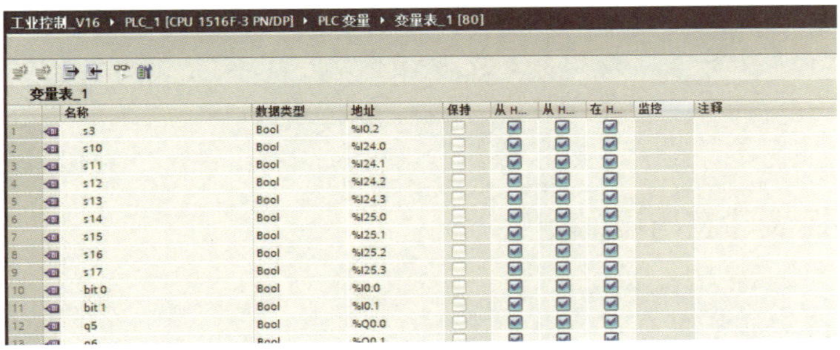

图 4-2-5 定义 I/O 变量全局符号

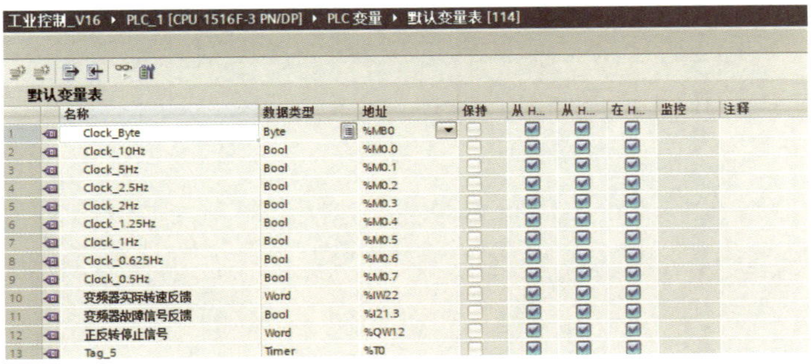

想一想

变量的数据类型有哪些？它们相互之间有什么区别？

图 4-2-6 定义内存变量全局符号

113

四、什么是模块化编程?

所谓模块化编程,是把一项控制任务分成若干个独立任务的程序块,并放在不同的功能(FC)、功能块(FB)中,而组织块 OB1 中的指令,决定块的调用和执行,被调用的块执行结束后返回到组织块 OB1 中该程序块的调用点,继续执行 OB1。以自动搅拌器系统为例,分为自动程序和手动程序两个模块,模块化编程中 main 起着主程序的作用,功能 FC(manual)或者功能块 FB(auto)分别是手动模块和自动模块。

五、PLC 控制系统中程序编写的具体步骤是什么?

第一步:新建用户程序块,并设置程序块的属性。

第二步:双击需要编辑的程序块,进行程序的编写,必要时可进行编程语言的切换。

第三步:在 main 组织块中进行用户编写的子程序块的调用。

第四步:程序的编译、下载和调试。

想一想

为什么要把程序进行模块化?功能块和功能之间有何区别?

活动

PLC 程序编写应能实现系统的所有功能,该自动搅拌生产线的程序编写涉及多方面知识点,我们这里选取其中的重点部分进行分析讲解。

一、监控表建立与设备测试

操作要领:

1. 建立监控表

想一想

为什么要进行设备测试?

监控表也称监视表,可以在 PG/PC 上显示 CPU 中或用户程序中的各个变量的当前值,也可以将特定值分配给用户程序中或 CPU 中的各个变量。使用这两项功能可以检查 I/O 设备接线情况。

当在 Portal 项目中添加了 PLC 设备后,系统会为该 PLC 的 CPU 自动生成一个"监控和强制表"文件夹。通过在项目树中找到该文件夹,双击该文件夹下"添加新监控表"选项,即可在该文件夹中创建新的监控表,默认名称为"监控表 _1",并在工作区中显示该监控表,如图 4-2-7 所示。

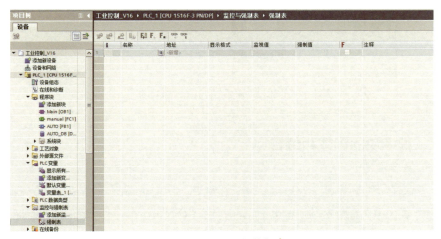

图 4-2-7　添加新监控表

2. I/O 设备测试

双击“添加新建监控表”，新建“监控表 _1”，并通过单击鼠标右键弹出快捷菜单，选择重命名选项，将“监控表 _1”重命名为“I/O 测试”。双击打开“I/O 测试”监控表，在该表中“名称”一列输入待测试的 I/O 变量，可以输入绝对地址，也可以输入符号名。

单击监控表中工具条中的“监视变量”按钮，可实现 I/O 变量状态的监视。改变现场输入设备的状态，通过监控表监视输入变量，从而实现输入设备的测试。在输出变量的“修改值”列中输入待修改值，然后单击监控表工具条中“立即修改”命令。可以实现对输出变量值的修改，如图 4-2-8 所示。通过逐一修改输出变量值，可测试输出设备是否正常工作。

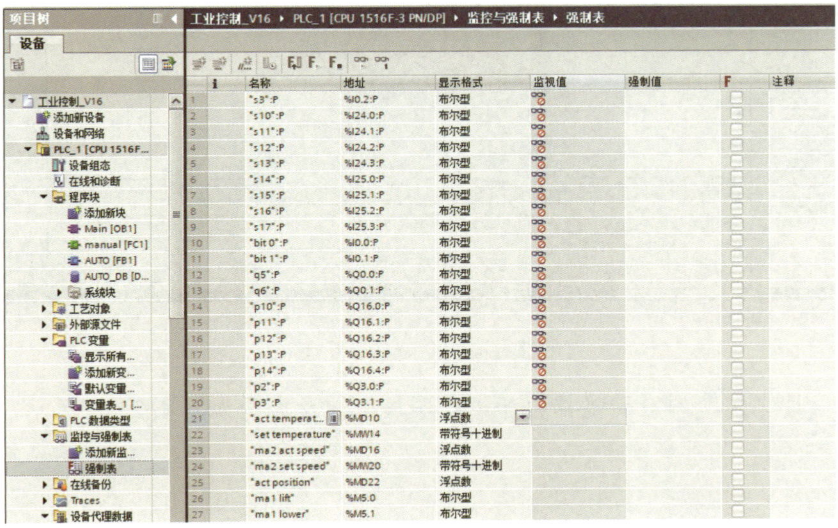

图 4-2-8　“I/O 测试”监控表

提示

强制变量保存在 SMC 中，复位存储器或者 CPU 重新上电均不能清除当前的强制值。

想一想

监控表中浮点数类型的变量可以进行打点测试吗？

    1. 硬件接线完成后,一定要对所接线的输入和输出设备进行测试,即 I/O 设备测试。

    2. 变量名的命名应具有较好的可读性。

二、程序块的创建和编辑

操作要领:

提示

新建块的时候,要注意组织块、功能块和功能的区别。

该自动搅拌生产线由一个主程序组织块 main 和两个子程序块构成,子程序分别是手动程序块 FC "manual" 和自动程序块 FB "auto"。

1. 新建用户程序块

在 TIA Portal 软件项目视图的项目树窗口,在"程序块"下双击"添加新块",弹出"添加新块"窗口,如图 4-2-9 所示。在该窗口的左侧选择程序块的类型"FC",在名称处输入该程序块名称"manual"。程序块的编号生成有"手动"和"自动"两种方式,默认选择"自动"方式,则编号处为灰色,系统自动按增序分配编号;如果用户希望自己指定编号,则单击选择"手动",并修改编号。单击"确定"按钮,生成"manual"程序块,并在项目树的程序块中显示。

提示

新建程序块时选择的编程语言,在后续编程时是可以更换的。

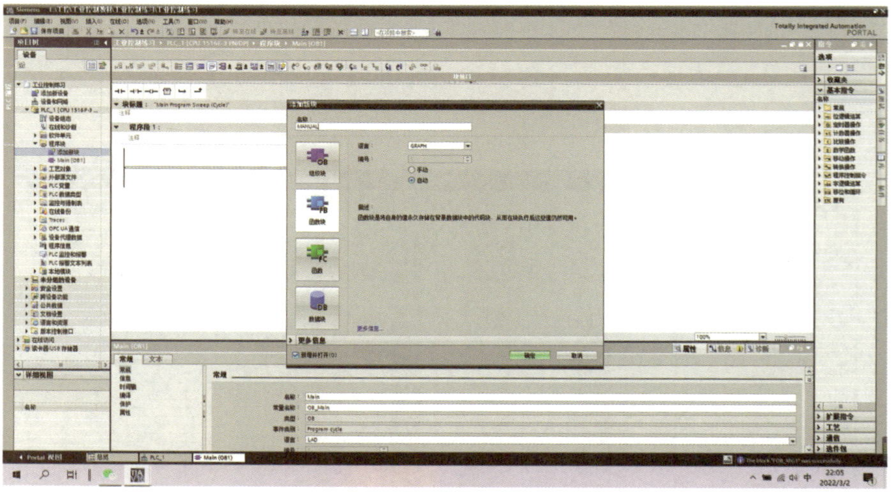

图 4-2-9　新建程序块

最终创建的自动搅拌生产线程序块名称及类型如图 4-2-10 所示。

图 4-2-10　自动搅拌生产线程序块

提示

对于使用 LAD 或 FBD 编程语言创建的程序块，可以进行 LAD 和 FBD 编程界面之间的转换，但 STL 编程语言不能在 LAD 或 FBD 之间进行切换，这与经典 STEP 7 编程软件不同。

2. 程序块的编辑

双击需要编辑的程序块，打开程序编辑器。程序编辑器窗口主要包括编程窗口的工具条、变量声明表、快捷指令、代码区和细节窗口，在任务卡区域显示"指令""测试"等选项卡，如图 4-2-11 所示。

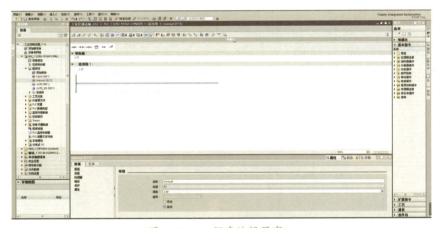

图 4-2-11　程序编辑器窗口

代码区为程序编写区，不同的编程语言显示的代码区外观不同。对于 LAD、FBD 或 STL 编程语言界面，用户可以将程序分成独立的段进行编写。对于 SCL 创建的程序块的代码区，按指令行进行显示。

想一想

变量声明表里面的变量是什么类型的变量？

注意事项

1. 程序结构的设计应具有一定的合理性。

2. 注意并联电路块和串联电路块的处理方式。

三、主程序的编写和分析

1. 主程序的编写

打开主程序 main，在其编辑区进行编写。

2. 主程序的分析

该自动搅拌生产线主程序的主要功能是：手动和自动模式切换，变频器报错与复位，电机实际转速的读取，电位器输入电压和输出信号的线性转换，ERROR 报错和复位，自动模式起始条件等。

下面选取其中的电位器输入电压和输出信号的线性转换进行分析。

模拟量模块工作的基本原理是：通过模数转换器，将模拟量信号转换成数字量信号。并且以二进制补码的形式表示，占用两个字节，共 16 位，最高位为符号位。

16 位二进制补码表示的数值范围是 $-32768 \sim +32767$，但模块的测量范围却不与数值范围相同。如果传感器输入信号超限，CPU 就会对故障进行诊断。

现场的过程信号（如温度、压力、流量、温度等）是具有物理单位的工程量值，模数转换后输入通道得到的是 $-27648 \sim +27648$ 的数字量，再将数字量 $-27648 \sim +27648$ 转化为实际工程量值，这一过程称为模拟量输入值的"规范化"。

为解决工程量值"规范化"问题，可以使用转换操作指令中的"标定"指令 SCALE，如图 4-2-12 所示。

想一想

为什么要进行模数转换？模数转换的原理是什么？

想一想

为什么数字量的范围是 $-27648 \sim +27648$？

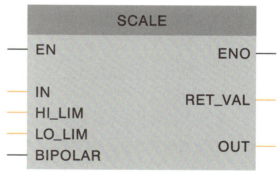

图 4-2-12　SCALE 指令框

指令框中各个输入输出的意义如下：

IN：模拟量数据地址，在硬件组态中可查到具体地址，以 %IW 开头（与经典 STEP7 不同）。

HI_LIM：量程上限，数据类型为浮点数。

LO_LIM：量程下限，数据类型为浮点数。

RET_VAL：错误代码，当转换出错时可根据代码提示查找错误。

OUT：转换值，通过指令规范化后的实际值，数据类型为浮点数。

以该自动搅拌器系统为例，编程实现搅拌泵中液体的温度（对应物理量程：0～500℃）和液位传感器（对应物理量程：0～10m）检测的值转换成工程量值，即电位器的0～10V电压。

在此程序中，由于温度传感器和液位传感器所配的变送器输出范围为0～10V，不需要负值进行转换，故SCALE指令的BIPDLAR参数设置为0，其中，IN多数赋值为待转换的模拟量通道地址，OUT参数为输出转换后具有工程量纲的结果，如图4-2-13所示。

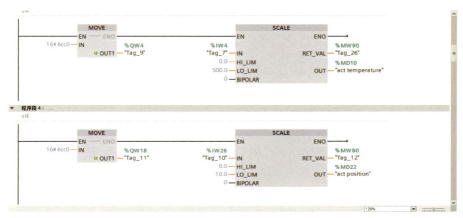

图4-2-13　模拟量规范化程序

想一想

Move指令的功能是什么？在这里起什么作用？

注意事项

1. 辅助继电器的使用应注意地址不要冲突。
2. 编写程序时应该注意变量名的可读性和一致性。

四、手动程序的编写

1. 手动程序的编写

打开手动程序manual，在其编辑区进行编写。

2. 手动程序的分析

下面选取其中的比较器的程序进行分析。

S7-1500 PLC的比较器操作指令主要包括常规比较指令及变量比较指令，如图4-2-14所示。常规比较指令不仅包括相等、不相等、大于或等于、小于或等于、大于以及小于这六种关系比较，还包括值在范围内、值超出范围、有效浮点数和无效浮点数的判断。变量比较指令与Variant数据类型有关。

提示

手动程序和自动程序要进行互锁。

想一想

如果两个对象不是同一个类型应该如何进行比较？

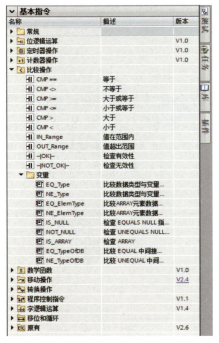

图 4-2-14　比较器操作指令集

想一想

比较指令的两个对象必须是同一种数据格式吗?

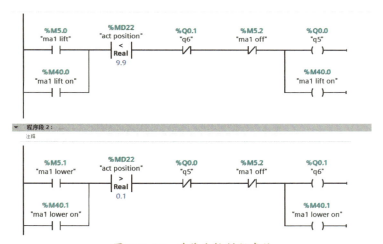

图 4-2-15　升降台控制程序段

以本自动搅拌生产线中升降台控制为例,按下 ma1 上升按钮,q5 吸合上升指示灯亮起,若当前的位置小于 10m 或按下 ma1 停止按钮,升降台停止运行;按下 ma1 下降按钮,q6 吸合上升指示灯亮起,若当前的位置大于 0 或按下 ma1 停止按钮,升降台停止运行。由于模拟量输入的灵敏度,程序中设置范围为 0.1~9.9。

注意事项

1. 并联块串联时，应将触点多的回路放在梯形图左方（左重右轻原则），串联块并联时，应将触点多的并联回路放在梯形图的上方（上重下轻的原则）。

2. 不宜使用双线圈输出。

五、自动程序的编写

1. 新建函数块

新建功能块 FB1，并命名为"AUTO"模块，设置编程语言为 GRAPH。双击函数块 FB1，则打开该 GRAPH 函数块。

GRAPH 函数块的程序编辑器显示界面比其他代码程序块多了一个导航视图。GRAPH 函数块的程序包括前固定指令、顺控器和后固定指令三部分，因此导航视图也包括这三个选项，当选择不同选项时，代码区的内容与该选项相对应，用户可在这三个选项所对应的代码区进行相应部分的编程，如图 4-2-16 所示。

想一想

自动程序为什么用 GRAPH 语言编程？可以用其他编程语言进行吗？

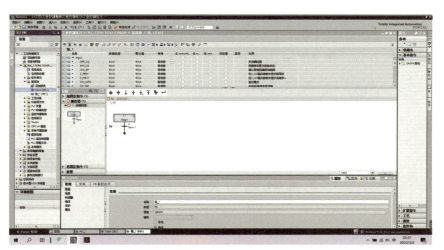

图 4-2-16 GRAPH 程序编辑器界面

2. 编写程序

下面以自动程序中的升降台控制为例进行简单分析，如图 4-2-17、图 4-2-18 所示。

想一想

GRAPH 编程语言有哪几种结构形式？

注意选择分支
和并进分支在
GRAPH画法
上的区别。

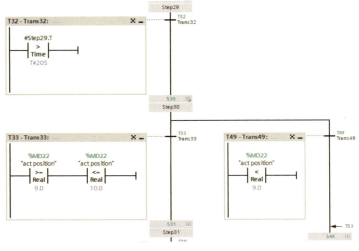

图 4-2-17　步 S30 的转换条件

想一想

为什么选择序
列分支开始的
条件在横线之
下？这两个条
件之间应该满
足什么关系？

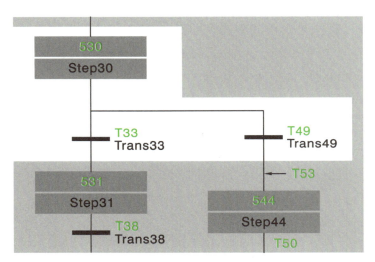

图 4-2-18　步 S30 的转换结构

　　这一步是选择分支，运行到 S30 步时，若当前的位置大于等于 9 并
且小于等于 10 时，程序由分支 1 跳转至 S38；若当前的位置小于 9 时，
程序由分支 2 跳转至 S49。

注意事项

　　1. GRAPH 编程必须在功能块中进行。

　　2. GRAPH 编程中，有些步骤可以没有任何动作。

 **总结评价**

1. 依据世赛相关评分细则，本任务的完成情况评价如表 4-2-1 所示。

表 4-2-1 任务评价表

序号	评价项目	评分标准	分值	评分
1	监控与设备测试	使用 PLC、变量表对系统中 PLC 所连接的 I/O 设备进行测试，所有的输入设备信号正确输入给 PLC，所有的输出设备根据 PLC 输出信号进行正确动作（每错一处扣 2 分，扣完即止）	10	
2	主程序	完成子程序的调用等功能，按照功能实现的步骤给分（每错一处扣 2 分，扣完即止）	30	
3	自动程序	完成自动程序要求的所有功能，按照功能实现的步骤给分（每错一处扣 2 分，扣完即止）	30	
4	手动程序	完成手动程序要求的所有功能，按照功能实现的步骤给分（每错一处扣 2 分，扣完即止）	30	

2. 本任务的评价方式按照世界技能大赛评价标准，采用自评和师评相结合的方式进行，按各模块是否达到要求逐项进行评价。硬件配置正确、通信功能实现、系统状态正常得分，否则不得分。具体分值按照评价细则，在各模块设置过程中分步确定。

 **拓展学习**

该自动搅拌系统除了可以用 LAD 和 S7-GRAPH 语言来编写外，还可以用 S7-SCL 编程语言进行编写，下面简要介绍 S7-SCL 语言。

一、S7-SCL 简介

S7-SCL（Structured Control Language）结构化控制语言是一种类似于计算机高级语言的编程方式，它的语法规范接近计算机中的 PASCAL 语言。SCL 编程语言实现了 IEC 61131-3 标准中定义的 ST 语言（结构化文本）的 PLC open 初级水平。

由于 S7-SCL 是高级语言，所以其非常适合于复杂运算功能、复杂数学函数、数据管理和过程优化。由于 S7-SCL 具备的优势，其将在编程中

想一想

S7-SCL 语言为什么适用复杂运算功能、复杂数学函数、数据管理和过程优化？

应用越来越广泛。

二、S7-SCL 程序的编辑方法

在博途软件视图中，单击"添加新块"，新建程序块，把编程语言选中为"SCL"，再单击"确定"按钮，如 4-2-19 所示，即可生成主程序 OB123。

想一想

上述实例如果用 SCL 编程该如何实现？

在博途软件视图的项目树中，双击"Main_1"，弹出的视图就是 SCL 编辑器，如图 4-2-20 所示。

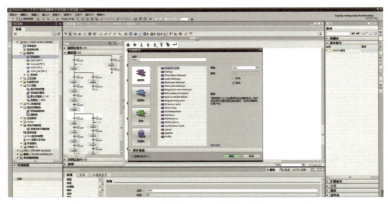

图 4-2-19　添加新块——选择编程语言为 SCL

想一想

SCL 编程语言和单纯的 C 语言编程有什么区别？

图 4-2-20　SCL 编辑器

思考与练习

一、思考题

1. S7-1500 有哪几种寻址方式？

2. S7-1500 PLC 的数据类型有哪些？

3. 用计数器与定时器配合设计一个延时 16 小时的定时器扩展程序。

4. 设计电动葫芦提升机试验程序，要求如下：当按下起动按钮 SB

时，上升 5s 后停 7s，然后下降 5s，再停 7s。反复运行 30min，停止运行，并发出声光报警信号。

二、技能训练题

某企业自动加热生产线要求对物料混合过程中的加热流程进行控制，具体控制要求如下，HMI 人机界面图见图 4-3-13、图 4-3-14，请按照给定设计要求编写相应的程序。

1. 主程序设计要求

按下 START 按钮启动控制流程；按下 STOP 按钮停止控制流程；按下 PROG 开关切换运行模式；按下 EXIT 按钮退出系统。

2. 手动程序设计要求

（1）初始状态：当装置投入运行时，物料罐处在 S0 限位处，加热箱门关闭。

（2）启动操作：按下启动按钮 START，按以下顺序工作。① MA1 电动机正转（35Hz）并根据选择的工作模式进行运行（工作模式 A 时，Q1 先加热 5 秒后停止，Q2 加热 3 秒。工作模式 B 时，Q1，Q2 同时加热 5 秒）。② 传送带正转容器压合限位开关 S1，MA1 正转停止，并打开电磁阀 KV1 向容器中注料。③ 5 秒后停止注料，MA2 正转门开启。④ 压合限位开关 S3，MA2 正转停止，MA1 正转（25Hz）启动。⑤ 压合限位开关 S2，MA1 正转停止后 MA2 反转炉门关闭。⑥ 压合限位开关 S4，MA2 反转停止，运行加热流程，加热时 H1 指示灯 1Hz 闪烁。⑦ 加热流程结束后指示灯 H1 熄灭，MA2 正转炉门再次开启。⑧ 压合限位开关 S3，MA2 正转停止。设定 MA1 返回运转速度（0.0—50.0Hz），并按设定速度反转。⑨ 压合限位开关 S1，MA2 反转炉门关闭。⑩ 压合限位开关 S4，MA2 反转停止。⑪ 压合限位开关 S0，变频器停止，单次结束。

（3）停止操作：按下停止按钮后，当前动作全部停止。

3. 自动程序设计要求

（1）初始状态：当装置投入运行时，物料罐处在 S0 限位处，加热箱门关闭，默认工作模式为 PROG A。

（2）启动操作：自动程序设计要求与手动程序一致，当运行条件满足时，自动执行下一项动作。单次循环结束后，重新开始循环，默认工作模式为 PROG B，两次循环后停止工作并清除循环次数及 MA1 速度设定值。

（3）停止操作：按下停止按钮后，当前循环结束后停止，循环次数及 MA1 速度设定值清零。当循环中切换模式后，需要等待当前模式循环两次结束后再执行更改后的模式。

任务 3　人机界面设计与组态

学习目标

1. 能熟练使用人机界面组态软件，创建画面及管理画面。
2. 能熟练使用各项绘图工具，绘制人机界面（HMI）。
3. 能根据控制要求和 PLC 程序设计中的变量设置，完成人机界面（HMI）变量及系统函数设置。
4. 能熟练使用 PLC 相关软件，实现人机界面（HMI）画面组态。
5. 能在任务实施过程中，养成严谨细致、一丝不苟、精益求精的工匠精神。

情景任务

提示

人机界面（HMI）绘制时，页面布局尽量做到整齐美观，图形大小比例合适。

　　某企业自动搅拌生产线要求生产过程可视化，为了实现此目标，你将在完成硬件组态和 PLC 程序设计的基础上，根据控制要求设计并绘制人机界面（HMI），该界面如图 4-3-1 所示。

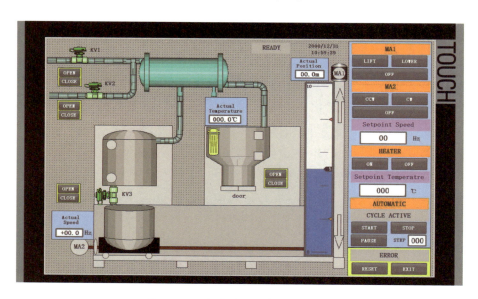

图 4-3-1　自动搅拌生产线人机界面

思路与方法

给定的自动搅拌生产线人机界面如图 4-3-1 所示，为实现这个人机界面，首先要分析这个界面上体现了生产线中哪些工作状态？包含哪些控制功能？这些功能又是如何实现的？

一、什么是人机界面？人机界面的特点是什么？

人机界面（Human Machine Interface）又称人机接口或触摸屏，简称 HMI。在控制领域，HMI 一般特指操作员与控制系统之间进行对话和相互作用的专用设备。

人机界面的特点是实现上位监控，通过 HMI 可以随时了解、观察并掌握整个控制系统的工作状态，必要时还可通过 HMI 向控制系统发出故障警报，进行人工干预。

提示

HMI 上位监控系统设备决定工程组态软件的版本。

二、人机界面的工作原理是什么？

人机界面即触摸屏工作时，用手或其他物体触摸触摸屏，然后系统根据手指触摸的图标或文字的位置来定位选择信息输入。触摸屏由触摸检测器件和触摸屏控制器组成。触摸检测部件安装在显示器的屏幕上，用于检测用户触摸的位置，信息接收后送至触摸屏控制器，触摸屏控制器将接收到的信息转换成触点坐标，再送给 PLC，它同时接收 PLC 发来的命令，并加以执行。

三、人机界面主要实现哪些功能？

为了给用户提供更加方便的人机界面，HMI 系统主要实现的功能包括：过程可视化、过程可控化管理、显示报警等功能。

（1）过程可视化：将生产线工作状态显示在 HMI 设备上，显示画面包括指示灯、按钮、文字、图形和曲线等，画面可根据过程变化动态更新。

（2）过程可控化管理：用户可以通过 HMI 界面控制生产线的生产过程，包括生产线中控制动作的启停、物料的输入输出等。

（3）显示报警：生产线的临界状态会自动触发报警。

想一想

HMI 能够进行仿真运行吗？

四、人机界面设计应体现自动搅拌生产线的哪些关键工作状态？

为了实现自动搅拌生产线的 HMI 上位监控，需要在 HMI 界面中用相应的图形来体现生产线的工作状态，其中的关键工作状态包括传送带和搅拌罐，以及物料的输入输出，阀门、电动机、加热装置等控制动作的启停，生产线须监控的状态变量等。

五、功能实现的步骤是什么？

第一步：根据设计要求，创建 HMI 画面、完成画面管理。

第二步：根据自动搅拌生产线工作状态，绘制 HMI 画面图形。

第三步：根据控制要求和 PLC 程序设计中的变量设置，完成人机界面（HMI）动态画面组态。

活动

一、画面创建及画面管理

操作要领：

1. 画面创建

（1）直接生成 HMI 画面

在系统硬件组态设置中添加 SIMATIC HMI 人机界面设备时，如果不勾选"启动设备向导"，将生成名为"HMI_1"的画面。

（2）添加 HMI 画面

双击项目视图中"添加新画面"，在工作区会出现 HMI 的外形画面，生成默认名为"HMI_2"的画面。

2. 画面管理

提示

画面切换通过系统函数中的画面函数实现。

起始画面是监控系统启动时打开的画面，双击 HMI 项目中的"运行系统设置"中的"常规"属性，可定义起始画面。根据自动搅拌生产线的 HMI 画面设计要求，只需设计一个 HMI 画面就可满足要求，将此画面定义为起始画面。

想一想

内部变量只作用于 HMI 设备，那么与 PLC 程序有没有连接关系？

> **注意事项**
>
> 如果 HMI 画面基于模板创建，一个模板可适用多个画面，但一个画面始终只能基于一个模板。

二、变量与系统函数设置

操作要领：

1. 变量设置

（1）内部变量创建

在项目视图的项目树中，选中"HMI 变量""显示所有变量"，创建内部变量。根据自动搅拌生产线的 HMI 画面设计要求，创建内部变量，这些变量的"连接"设置必须为"内部变量"。

（2）外部变量创建

在项目视图的项目树中，选中"HMI 变量""显示所有变量"，创建外部变量。根据自动搅拌生产线的 HMI 变量设计要求，创建外部变量。

以 HMI 画面中的 act temperature 变量为例，如图 4-3-2 所示，将"连接"设置为"HMI_ 连接 _1"；通过对"PLC 变量"的设置，将"PLC_1"的变量 act temperature 与 HMI 的变量 act temperature 关联在一起。

提示

最多可使用的外部变量数目与授权有关，而内部变量没有数量限制。

图 4-3-2　外部变量创建

2. 系统函数设置

（1）编辑位函数

① 对位取反（InvertBit）

对给定的"Bool"型变量的值取反。

② 复位（RestBit）

将"Bool"型变量的值设置为 0（假）。

③ 置位（SetBit）

将"Bool"型变量的值设置为 1（真）。

④ 按下键时置位（SetBitWhileKeyPressed）

只要按下已组态的键，给定变量中的位设置为 1（真）。

提示

系统函数通常在 HMI 动态画面组态中通过变量设置。

想一想

这里的变量与 PLC 变量是什么关系？

（2）计算脚本函数

① 增加变量（IncreaseTag）

将给定值添加到变量值上，用方程表示为：$Y=Y+a$。

② 设置变量（SetTag）

将新值赋给给定的变量。

（3）报警函数

① 编辑报警（EditAlarm）

为选择的所有报警触发"编辑"事件。

② 显示报警窗口（ShowAlarmWindow）

隐藏或显示 HMI 设备上的报警窗口。

③ 清除报警缓冲区（ClearAlarmWindow）

删除 HMI 设备报警缓冲区中的报警。

④ 显示系统报警（ShowSystemAlarm）

显示作为系统事件传递到 HMI 设备的参数的值。

注意事项

　　1. 对于外部变量定义的数据类型必须要与该变量关联的 PLC 变量类型一致。

　　2. 画面刷新频率的采集周期根据过程值的变化速率设定。

三、图形画面绘制

操作要领：

1. 基本对象的画面绘制

基本对象包括一些简单几何形状的基本向量图形，图 4-3-1 中自动搅拌生产线工作状态的基本形状，如直线、长方形、圆形和文本域等都可以用基本图形工具绘制。

以传送带小车位置标识为例，运行画面中用小方块表明小车位置，使用工具箱中的基本对象"矩形"，按照图中位置设置绘制图形，并在"常规"属性根据设计要求设置外观，具体设置方式如图 4-3-3 所示。

提示

同一类型的图形在放置一个元件后，可以通过复制、粘贴的方式放置。

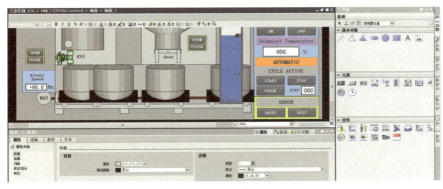

图 4-3-3　基本对象绘制画面

提示

如果需要等比例或同时移动画面，可以将画面进行组合。

2. 用图形库的图形符号绘制画面

图 4-3-3 中自动拌生产线工作状态的复杂图形，如管道、搅拌罐、阀门和棒图等都可以用图形库中的符号工具来绘制。

以阀门为例，运行画面中有多个阀门，使用工具箱中的"图形"，按照图中阀门外形打开"WinCC 图像文件夹"在"Automation equipment"中"Valves"找到相应的图形绘制，并在"常规"属性根据设计要求设置外观，具体设置方式如图 4-3-4 所示。

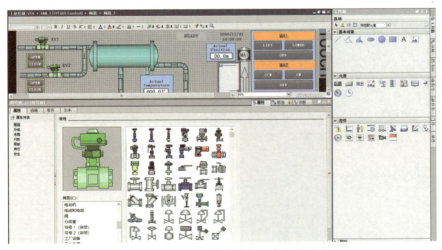

图 4-3-4　用图形库中的符号来绘制画面

想一想

同类型的器件有很多个，有没有什么快捷方式能快速找到指定的图形？

> **注意事项**
>
> 1. 图形绘制并无规定的具体尺寸，但要注意整体布局的合理性，符合工艺要求。
> 2. 图形库中图形元件很多，选择时要注意与设计要求一致。

四、动态画面组态

操作要领：

1. 按钮组态

（1）常规属性设置

使用工具箱元素绘制按钮，在按钮"属性视图""属性选项卡"中修改按钮常规属性，如按钮名称、样式等。

（2）操作事件功能设置

自动搅拌生产线 HMI 画面中按钮操作事件功能设置主要分为三种情况：

① 按钮按下功能设置

在按钮"属性视图"的"事件"选项卡的"按下"对话框中，根据按钮按下功能设置要求选择系统函数列表中的对应函数，然后关联相应的 PLC 变量。

以阀门 KV1 的"open"按钮为例，在运行时按下该"open"按钮，相应的变量就会被置位，具体设置方式如图 4-3-5 所示。

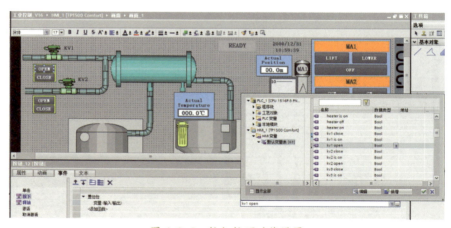

图 4-3-5　按钮按下功能设置

② 按钮释放功能设置

除了完成按钮按下时的功能设置，还需要设置按钮释放时的功能设置。在按钮"属性视图"的"事件"选项卡的"释放"对话框中，根据按钮释放功能设置要求选择系统函数列表中的对应函数，然后关联"按下"功能设置时同样的 PLC 变量。

以阀门 KV1 的"open"按钮为例，在运行时，"open"按钮被释放，相应的变量就会被复位，具体设置方式如图 4-3-6 所示。

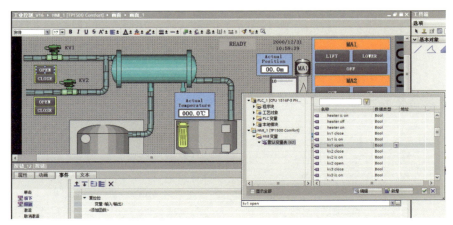

图 4-3-6　按钮释放功能设置

③ 按钮单击功能设置

在按钮"属性视图"的"事件"选项卡的"单击"对话框中，根据按钮单击功能设置要求选择系统函数列表中的对应函数及后续动作设置。

以"EXIT"按钮为例，在系统运行时，按下"EXIT"按钮，停止系统运行，具体设置方式如图 4-3-7 所示。

提示

这里按钮的功能设置，就是系统函数中报警函数的设置。

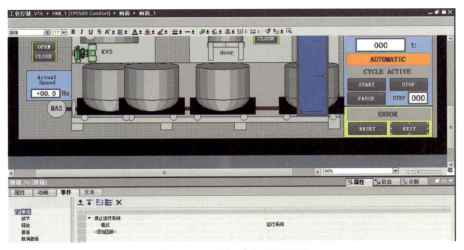

图 4-3-7　按钮单击功能设置

想一想

按钮事件中单击、按下、释放等操作有什么区别？

2. I/O 域组态

使用工具箱中"I/O 域"元素，放置输出域、输入域或是输入/输出域。

（1）输入域：用于操作员输入要传送到 PLC 的数字、字母或符号，将输入的数值保存到变量中。

（2）输出域：只显示变量数据。

（3）输入/输出域：同时具有输入和输出功能，操作员可以用它来

想一想

I/O 域组态能实现动画显示吗?

修改变量的数值,并将修改后的数值显示出来。

在 I/O 域的"属性视图""属性选项卡"中修改 I/O 域的类型,关联相应 PLC 变量,修改数据格式。

以传送带小车"Actual Speed"为例,根据表 4-3-1 要求对 I/O 域的数据格式进行修改,具体设置方式如图 4-3-8 所示。

表 4-3-1 传送带小车参数

编码	变量	动作	描述
20	MA_ACT_Speed	output field	Value: −50.0 to +50.0
21	MA2_is_on	Background control colour	not actuated colour = GRAY actuated colour = GREEN
22	S14	Visibility dynamic	not actuated visble = FALSE actuated visble = TRUE
23	S15	Visibility dynamic	not actuated visble = FALSE actuated visble = TRUE
24	S16	Visibility dynamic	not actuated visble = FALSE actuated visble = TRUE
25	S17	Visibility dynamic	not actuated visble = FALSE actuated visble = TRUE

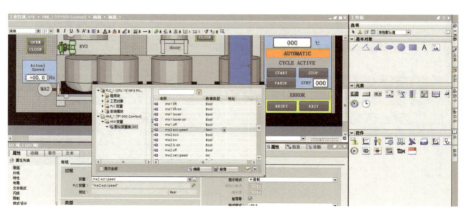

图 4-3-8 I/O 域组态

3. 动态显示元素组态

（1）过程可见性设置

过程可见性设置是对 HMI 画面中需动态显示的图形进行设置,将图形相应的属性设置要求中,"属性视图"里动画设置为"使可见性动态化",并关联相应变量,修改控制即可。

想一想

过程可见性还有别的实现方式吗?

以传送带小车的位置状态显示为例，设置小车的显示功能，按照表 4-3-1 中相应的属性设置要求，将送料小车的"属性视图"里动画设置为"使可见性动态化"，并关联相应位置变量，具体设置方式如图 4-3-9 所示。

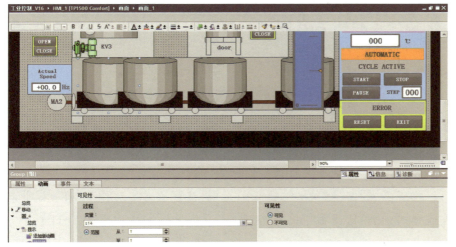

图 4-3-9　过程可见性设置

想一想

可见性关联的变量的数据类型应该是什么？

（2）棒图显示设置

棒图以带刻度的棒图形式表示控制器的值。通过 HMI 设备，操作员可以立即看到当前值与组态的限制值相差多少或者是否已经达到参考值。棒图可以显示诸如填充量（水池的水量、温度数值）或批处理数量等值。使用工具箱"棒图"元素绘制棒图，通过棒图的常规属性设置相关参数，关联相应 PLC 变量。

以加热罐液位高度显示为例，根据表 4-3-2 的设计要求，设置棒图的最大最小值、颜色及刻度等，关联 PLC 过程变量，当液位发生变化时棒图的液位状态随之而改变，具体设置方式如图 4-3-10 所示。

想一想

棒图显示设置必须关联 PLC 过程变量吗？

表 4-3-2　加热罐液位高度参数

编码	变量	动作	描述
30	—	Date/Time field	Show date as input/output field
31	—	Date/Time field	Show date as input/output field
32	ACT_Position	output field	Value: 0.0 to 10.0

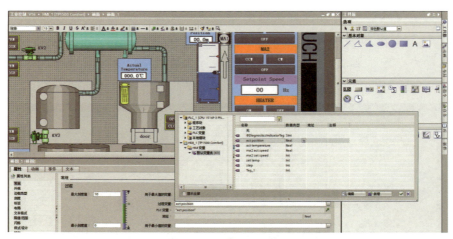

图 4-3-10　棒图显示设置

4. 时钟和日期的组态

想一想

如何修改控件的显示时间?

将工具箱中"时钟"元素添加至 HMI 画面中,运行 HMI 时,此控件显示的是 HMI 画面中的系统时间,具体设置方式如图 4-3-11 所示。

想一想

如何修改系统时间?

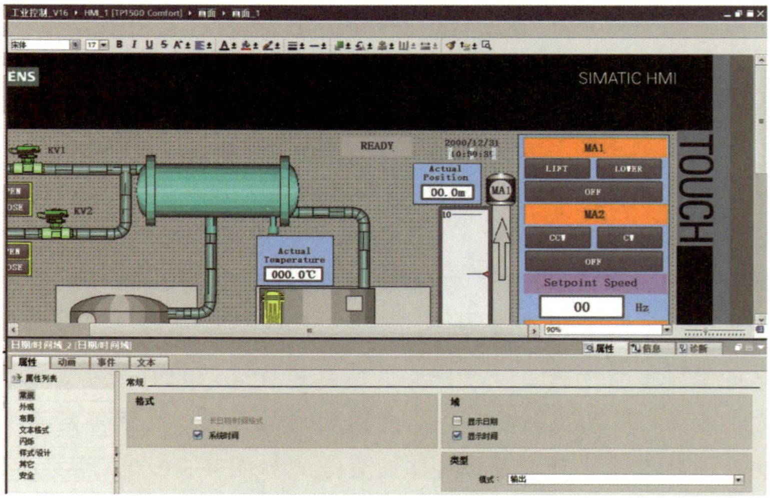

图 4-3-11　时钟和日期的组态

> **注意事项**
>
> 1. 动态画面组态过程中注意正确关联相应 PLC 变量。
>
> 2. 在组态 HMI 变量时,选择现有的 PLC 变量来连接 HMI 变量,系统会自动创建集成连接。
>
> 3. PLC 中过程变量数值可以被线性地转换为 HMI 项目中的数值并显示出来。

五、报警组态

操作要领：

1. 用户定义的报警

（1）离散量报警

离散量有两种状态：0 和 1，1 代表触发离散量报警，0 代表离散量报警未触发。

（2）模拟量报警

模拟量的值（如温度）超出上、下限时，触发模拟量报警。

（3）PLC 报警

自定义控制器报警是由程序员创建的。状态值和过程值被映射到控制器报警中。如果在软件中组态了控制器报警，则系统在与 PLC 建立连接后立即将其加入集成的 WinCC 操作中。

以生产线中故障报警为例，程序设计中设置报警条件，关联 PLC 相应变量，当报警条件满足时 HMI 画面上触发报警，具体设置方式如图 4-3-12 所示。

> **提示**
>
> 在 STEP7 中，将控制器报警分配给一个报警类别，可以将包含此报警类别作为公共报警类别导入。

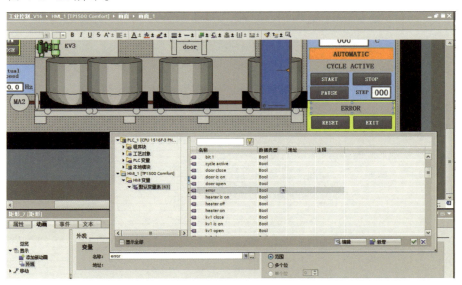

图 4-3-12　PLC 报警

2. 系统定义的报警

（1）HMI 设备触发的报警

内部的某种状态或者 PLC 通信中的错误，由 HMI 设备触发 HMI 系统报警。

（2）PLC 设备触发的报警

由 PLC 触发，不需要在 WinCC 中组态。

> **提示**
>
> 系统报警需要在 HMI 设备或 PLC 中预定义。

提示

用户定义的报警和系统定义的报警都可以由 HMI 设备或者 PLC 触发。

注意事项

1. 用户定义的报警由用户组态，在 HMI 上显示。
2. 系统报警用来显示 HMI 设备或者 PLC 中特定的系统状态。

 **总结评价**

1. 依据世赛相关评分细则，本任务的完成情况评价如表 4-3-3 所示。

表 4-3-3　任务评价表

序号	评价项目	评分标准	分值	评分
1	画面创建及画面管理	HMI 画面创建正确（5 分，每错一处扣 1 分，扣完即止）	10	
		HMI 画面管理设置正确（5 分，每错一处扣 1 分，扣完即止）		
2	变量与系统函数设置	人机界面（HMI）变量设置正确（10 分，每错一处扣 1 分，扣完即止）	20	
		人机界面（HMI）系统函数设置正确（10 分，每错一处扣 1 分，扣完即止）		
3	图形画面绘制	静态画面图形绘制正确（10 分，每错一处扣 1 分，扣完即止）	15	
		图形美观、布局合理（5 分，每错一处扣 1 分，扣完即止）		
4	动态画面组态	按钮组态正确（10 分，每错一处扣 5 分，扣完即止）	40	
		I/O 域组态正确（10 分，每错一处扣 5 分，扣完即止）		
		动态显示元素组态正确（10 分，每错一处扣 5 分，扣完即止）		
		时钟和日期的组态正确（10 分，每错一处扣 5 分，扣完即止）		
5	报警组态	用户定义的报警（10 分，每错一处扣 5 分，扣完即止）	15	
		系统定义的报警（5 分，每错一处扣 5 分，扣完即止）		

2. 本任务的评价按照世界技能大赛评价标准，采用自评和师评相结合的方式进行，按各模块是否达到要求逐项进行评价，成功得分，否则不得分。具体分值按照评价细则，在各模块设置过程中分步确定。

一、使用 HMI 设备向导生成 HMI 画面

如果添加 SIMATIC HMI 人机界面设备时，勾选"启动设备向导"将会出现"HMI 设备向导"，帮助用户根据设备向导提示实现画面的建立。设备向导主要对 PLC 连接、画面布局、报警设置、画面浏览、系统画面、系统按钮等进行设置。

二、拖拽方式生成 HMI 变量

在编辑 HMI 画面时，除了通过本任务活动中描述的常用方式生成 HMI 变量，也可以直接从详细视图中拖拽 PLC 变量至画面中的控件进行变量连接，系统将自动在默认变量表中生成 HMI 变量。

> **想一想**
>
> 拖拽方式生成的 HMI 变量，还需要关联 PLC 相应的变量吗？

一、思考题

1. HMI 变量表中变量的三种采集模式"必要时""循环连续"和"循环操作"，应该如何选择？不同的采集模式对系统运行速度有影响吗？

2. PLC 中过程变量的数值范围与 HMI 项目中的数值范围不一致时，应如何实现线性转换？

3. 本任务中传送带小车"Actual Speed"是通过 I/O 域的方式设置的，请思考是否还有其他方式能实现。

二、技能训练题

某企业自动加热生产线的 HMI 人机界面分为手动和自动两种模式，如图 4-3-13、图 4-3-14 所示，请按照给定设计图绘制出相应图形。

> **想一想**
>
> HMI 设备向导设置过程中报警设置是否可以禁用？

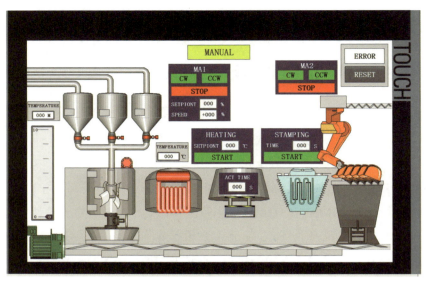

图 4-3-13　手动 HMI 画面

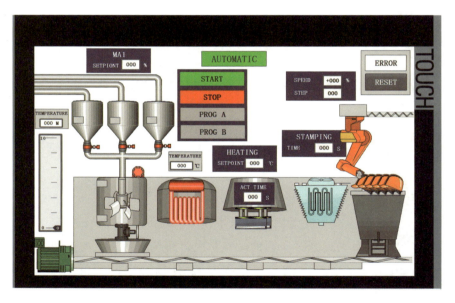

图 4-3-14　自动 HMI 画面

任务 4　PLC 控制系统综合调试

学习目标

1. 能根据设备调试规范，对 PLC、人机界面、变频器、传感器等进行调试。
2. 能根据联机调试发现的故障诊断结果，解决调试过程中出现的故障。
3. 能根据设备调试规范，联机调试达到控制功能。
4. 能向用户或专家演示功能。
5. 能在任务实施过程中，养成严谨细致、一丝不苟、精益求精的工匠精神。

情景任务

　　某企业自动搅拌生产线的现场设备安装以及软件设计已经完成了，PC 机与 S7-1500CPU 通过网线连接在一起，将硬件配置和程序下载到 CPU 中，整个项目进行到了最后一步：完成硬件系统与软件系统联机调试。在联机调试过程中，你须对出现的问题及时加以解决。根据调试中出现的故障信息，对相应硬件和软件部分做出正确的调整，从而达到控制系统的设计要求。

提示

系统联机调试时需要上电操作，要注意安全保护。

思路与方法

一、什么是 PLC 控制系统综合调试？

　　PLC 控制系统综合调试是指在硬件设施安装和软件设计完成后，通过模拟调试的手动、自动程序进行在线统一调试，从 PLC 到输入设备，再到输出设备，最后连接实际负载等逐步进行调试的过程。

二、为什么要进行 PLC 控制系统综合调试？

　　在硬件系统与软件系统的联机调试过程中，将会暴露出系统中可能存在的传感器、执行器和硬件接线等方面的问题，以及 PLC 的外部接线和程序设计中的问题。这些问题可能会引发各种各样的系统故障，因此必须对整个 PLC 控制系统进行综合调试。

提示

综合调试前必须先完成程序离线调试和控制系统硬件检查。

三、引起 PLC 控制系统故障的原因有哪些？

一般控制系统的故障主要是由外部故障或内部错误造成。外部故障是由外部传感器或执行机构故障等引起 PLC 产生故障，可能会使整个系统停机，甚至烧坏 PLC。而内部错误是 PLC 内部的功能性错误或编程错误造成的，可以使系统停机。

四、PLC 控制系统的故障类型有哪些？

PLC 控制系统的故障可分为软件故障和硬件故障，其中硬件故障占 80%。

1. 控制系统的故障分布

CPU 模块故障占 5%；

单元故障占 15%；

系统布线故障占 5%；

输出设备故障占 30%；

输入设备故障占 45%。

2. PLC 控制系统故障的分布与分层

PLC 的外设故障占 95%，外设故障主要是继电器、接触器、接近开关、阀门、安全保护、接线盒、接线端子、螺纹连接、传感器、电源、电线和地线等。

PLC 自身故障占 5%，其中 90% 为 I/O 模块的故障，仅有 10% 是 CPU 模块的故障。首先将故障分为三个层次，第一层（是外部还是内部故障），第二层（是 I/O 模块还是控制器内部），第三层（是软件还是硬件故障）。

（1）第一层：利用 PLC 输入、输出 LED 灯判断是否为第一层故障。

（2）第二层：利用上位监控系统判断第二层次的故障，例如：I0.0 是输入，显示为 ON，Q0.0 显示为 ON，表示输入和输出都有信号，则可判断 PLC 的外围有故障。

（3）第三层：例如清空 PLC 中的程序，下载一个最简单的程序到 PLC 中，如 PLC 正常运行，则可大致判断 PLC 正常。

五、PLC 控制系统中哪些部分容易发生故障？

（1）电源和通信系统

PLC 的电源是连续工作的，电压和电流的波动造成冲击是不可避免的，据 IBM 统计大约有 70% 以上的故障都源自工作电源。

外部的干扰是造成通信故障的主要原因，此外经常插拔模块，印刷电路板的老化和各种环境因素都会影响内部总线通信。

（2）PLC 的 I/O 端口

I/O 模块的损坏是 PLC 控制系统中较为常见的，减少 I/O 模块的损坏首先要正确设计外部电路，不可随意减少外部保护设备，其次对外部干扰因素进行有效隔离。

六、控制系统的联机调试故障诊断的方法有哪些？

1. 系统诊断

包括所有与系统硬件相关的诊断。这些报警信息系统已经自动生成，不需要用户编写任何程序（除非用于第三方 HMI 或者用于对故障的处理程序），可以用下面列出的方式进行诊断：

（1）通过模块顶部或通道的 LED 指示灯；

（2）通过安装了 TIA 博途软件的 PG/PC；

（3）通过 CPU 自带的显示屏。

2. 过程诊断

与用户的控制过程相关，例如温度值超限报警、触发指定限位开关报警等，这些报警信息需要用户自定义，可以在 HMI 上生成报警信息，也可以在 PLC 侧生成报警信息，从程序规范化的角度来说，推荐在 PLC 侧生成报警信息。

可以用下面列出的方式得到生成的诊断信息：

（1）通过 HMI 控件；

（2）通过 PLC 内置的 Web 服务器；

（3）通过 CPU 自带的显示屏。

有的设备可以同时显示系统诊断和过程诊断，从维护方便的角度来看，最好是一台设备可以同时显示所有诊断信息。

SIMATIC S7-1500 PLC 的系统诊断使用统一的显示机制，无论采用何种显示设备，显示的诊断信息均相同。

 活动

一、系统联机调试故障诊断

操作要领：

1. 通过 LED 状态指示灯实现诊断

CPU、接口模块和 I/O 模块都有 LED 指示灯，用于指示当前模块

> **小贴士**
>
> 系统诊断方法很多，这里的三种方法是运用较多或是较为直观的方式。

> **提示**
>
> 实际工程应用中是多种诊断方法的组合应用。

的工作状态。对于不同类型的模块，LED 指示灯的状态可能略有不同。模块无故障正常工作时，LED 为绿色常亮，其余灯不亮。

以 CPU1516-3PN/DP 为例，如图 4-4-1 所示，其模块顶部的三个 LED 状态指示灯的含义分别为 ① 号为 RUN/STOP（运行/停止）、② 号为 ERROR（错误）、③ 号为 MAINT（维护），模块中间的 ④ 号为端口 X1 P1 的 LINK RX/TX LED 指示灯、⑤ 号为端口 X1 P2 的 LINK RX/TX LED 指示灯、⑥ 号为端口 X2 P1 的 LINK RX/TX LED 指示灯。①、②、③ 号指示灯灯光状态含义见表 4-4-1。

提示

设备型号不同，各 LED 指示灯的含义、LED 指示灯的不同组合以及发生故障时指示的补救措施都可能不同。

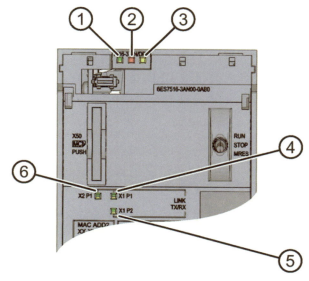

图 4-4-1 CPU1516-3PN/DP 模块指示灯

提示

模块上的每个诊断事件会生成一个诊断报警，同时 ERROR LED 指示灯闪烁。

表 4-4-1 LED 指示灯灯光状态的含义

RUN/STOP LED 指示灯	ERROR LED 指示灯	MAINT LED 指示灯	含义
LED 指示灯熄灭	LED 指示灯熄灭	LED 指示灯熄灭	CPU 电源缺失或不足
LED 指示灯熄灭	LED 指示灯红色闪烁	LED 指示灯熄灭	发生错误
LED 指示灯绿色点亮	LED 指示灯熄灭	LED 指示灯熄灭	CPU 处于 RUN 模式
LED 指示灯绿色点亮	LED 指示灯红色闪烁	LED 指示灯熄灭	诊断事件未决

（续表）

RUN/STOP LED 指示灯	ERROR LED 指示灯	MAINT LED 指示灯	含义
LED 指示灯绿色点亮	LED 指示灯熄灭	LED 指示灯黄色点亮	设备要求维护。必须在短时间内检查/更换受影响的硬件
			激活强制作业
			暂停
LED 指示灯绿色点亮	LED 指示灯熄灭	LED 指示灯黄色闪烁	设备需要维护。必须在短时间内检查/更换受影响的硬件
			组态错误
LED 指示灯黄色点亮	LED 指示灯熄灭	LED 指示灯黄色闪烁	固件更新已成功完成
LED 指示灯黄色点亮	LED 指示灯熄灭	LED 指示灯熄灭	CPU 处于 STOP 模式
LED 指示灯黄色点亮	LED 指示灯红色闪烁	LED 指示灯黄色闪烁	SIMATIC 存储卡中的程序出错
			CPU 故障
LED 指示灯黄色闪烁	LED 指示灯熄灭	LED 指示灯熄灭	CPU 在 STOP 模式下执行内部活动，如 STOP 之后启动
			从 SIMATIC 存储卡下载用户程序
LED 指示灯黄色/绿色闪烁	LED 指示灯熄灭	LED 指示灯熄灭	启动（从 RUN 转为 STOP）
LED 指示灯黄色/绿色闪烁	LED 指示灯红色闪烁	LED 指示灯黄色闪烁	启动（CPU 正在启动）
			启动、插入模块时测试 LED 指示灯
			LED 指示灯闪烁测试

小贴士

不同模块的 LED 指示灯颜色也会不同。

145

提示

具体设备 LED 指示灯的含义请参见相应模块手册。

数字量输入模块 DI 32×24VDC HF 模块的 LED 指示灯如图 4-4-2 所示，其状态和错误指示灯 RUN 和 ERROR 的具体含义见表 4-4-2。

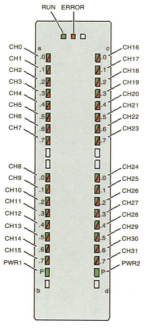

图 4-4-2 DI 32×24VDC HF 模块 LED 指示灯

表 4-4-2 状态和错误指示灯 RUN 和 ERROR 含义

LED		含义	补救措施
RUN	**ERROR**		
灭	灭	背板总线上电压缺失或过低	接通 CPU 和 / 或系统电源模块。检查是否插入 U 型连接器。检查是否插入了过多的模块
闪烁	灭	模块启动并在设置有效参数分配之前持续闪烁	—
亮	灭	模块已组态	
亮	闪烁	表示模块错误（至少一个通道上存在故障，如断路）	判断诊断数据并消除该错误（如断路）
闪烁	闪烁	硬件故障	更换模块

提示

对于 PROFINET 网络，如果组态了拓扑视图，还可以对拓扑视图进行在线诊断，以查看网络拓扑连接是否正确。

2. 使用 TIA 博途软件的 PG/PC 实现诊断

TIA 博途软件的 PG/PC 可以对整个系统故障进行诊断，TIA 博途软件与 SIMATIC S7-1500 PLC 须处于在线状态，在博途软件中 CPU 的"在线和诊断"菜单中可查看"诊断"下"诊断缓冲区"和"诊断状态"

的信息。根据"诊断缓冲区"和"诊断状态"的具体信息，判断系统相
应故障。

　　如果实际设备中未插入 DI 模块，则可以看到如图 4-4-3 所示的显
示。如果想进一步查看模块的故障信息，可以点击窗口下方的提示信息。

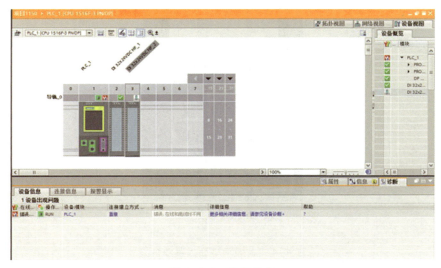

图 4-4-3　设备信息

提示

在设备视图中
也可以看到 DI
模块上没有绿
色的"√"，显
示状态不对。

　　打开模块诊断信息如图 4-4-4 所示，可以看到故障信息为：加载的
组态和离线项目不完全相同，这与实际故障情况一致。

图 4-4-4　诊断缓冲区故障信息

3. 通过 SIMATIC S7-1500 CPU 自带的显示屏实施诊断

　　每个标准的 SIMATIC S7-1500 CPU 都带一块彩色的显示屏，如图
4-4-5 所示，通过该显示屏可以查看 PLC 的诊断缓冲区，也可以查看模
块和分布式 I/O 模块的当前状态及诊断消息，显示屏面板菜单含义如表
4-4-3 所示。

想一想

CPU 自带的显
示屏与 TIA 博
途软件中查看
到的故障信息
是否一致？

图 4-4-5　CPU 显示屏

提示

不同型号的显示屏面板显示内容可能会不一样。

表 4-4-3　显示屏面板菜单含义

菜单图标	名称	含义
（i图标）	概述	"概述"（Overview）菜单包含有关 CPU 和插入的 SIMATIC 存储卡属性的信息以及有关是否有专有技术保护或是否链接有序列号的信息。 对于 F-CPU，将会显示安全模式的状态、集体签名以及 F-CPU 中的最后更改日期
（诊断图标）	诊断	"诊断"（Diagnostics）菜单包括： • 诊断报警的显示； • 对强制表的读 / 写访问以及对监控表的读访问； • 循环时间的显示； • CPU 存储器利用率的显示； • 中断的显示
（设置图标）	设置	在"设置"（Settings）菜单中，用户可以： • 分配 CPU 的 IP 地址和 PROFINET 设备名称； • 每个 CPU 接口的网络属性； • 设置日期、时间、时区、运行状态 (RUN/STOP) 和保护等级； • 使用显示密码禁用 / 启用显示； • 执行 CPU 存储器复位； • 复位至出厂设置； • 查看固件更新状态

（续表）

菜单图标	名称	含义
	模块	"模块"（Module）菜单包含有关组态中使用的集中式和分布式模块的信息。 外用部署的模块可通过 PROFINET 或 PROFIBUS 连接，可在此设置 CPU 或 CP/CM 的 IP 地址。 将显示 F 模块的故障安全参数
	显示屏	在"显示"（Display) 菜单中，可组态显示屏的相关设置，例如，语言设置、亮度和省电模式。省电模式将使显示屏变暗。待机模式选择器将显示屏关闭

用显示屏面板查看诊断缓冲区的步骤如下：

（1）点击显示屏下方的方向按钮，把光标移到诊断菜单上，当移到此菜单上时，此菜单图标明显比其他菜单图标大，而且在下方显示此菜单的名称，表示光标已经移动到诊断菜单上。单击显示屏下方的"OK"键，即可进入诊断界面。

（2）点击显示屏下方的方向按钮，把光标移到子菜单"诊断缓冲区"，浅颜色代表光标已经移到此处，在实际操作中颜色对比度并不强烈，所以要细心区分。然后，单击显示屏下方的"OK"按钮，可以查看诊断缓冲区的信息。

想一想

显示屏相关的组态信息下载到哪里去了？

注意事项

　.1. 通过 LED 指示灯诊断故障简单易行，但往往不能精确定位故障，因此在工程实践中通常需要其他故障诊断方法配合使用。

　2. SIMATIC S7-1500 PLC 的显示屏比较小，分辨率低，可以通过四个键查找相关信息。

　3. 不论是 PLC 的内部故障还是系统外部故障，都可以通过诊断缓冲区的故障信息来进行调试。

　4. 显示屏面板还可以在"诊断"菜单下的子菜单"监视表"中，查看监控表信息。

提示

如需在显示屏中查看监控表，必须首先创建一个监控表。

二、系统功能演示

功能演示是在现场安装、PLC 程序设计及联机调试全部完成之后，演示的主要任务就是向用户展示整个系统的各项功能和负载状态。

在对逻辑点完成检查后，再检查 PLC 系统软件及硬件设备，连接装置的仪表、设备，分别进行输入输出信息的传输和动作功能的检验：

（1）输入的检查：对于传感器、温度开关、阀位开关及各种设备行程，位置速度等输入信号的传输和动作检查。

（2）输出的检查：对于开关或声光控制器、电动阀、变频调速器等保护执行机构，也可实际进行输出信号传输和动作检查。

（3）连接装置仪表、设备进行实际传动、动作功能的联校，针对逻辑控制点，连接装置一次设备及部件，进行输入/输出及 PLC 系统的联合调校。

操作要领：

1. 手动功能演示

手动功能演示是根据系统手动功能流程图进行系统的手动控制操作，检查系统的运行是否符合流程图的规定，即在某一转换条件实现时，步的活动状态是否正确变化，即该转换所有的前级步是否变为不活动步，所有的后续步是否变为活动步，以及各步被驱动的负载是否发生相应的变化。

2. 自动功能演示

自动功能演示是按照系统自动功能流程图进行系统的自动控制操作，检查系统的运行是否符合流程图的规定，具体操作方式与手动功能演示方法基本一致。

提示

通电前确认 PLC 处于"停止"工作模式。

提示

功能演示时先进行手动空载调试，再进行自动空载调试。

注意事项

1. 在调试时应充分考虑各种可能的情况，对系统各种不同的工作方式、有选择序列的功能表图中的每一条支路、各种可能的进展路线，都应逐一检查，不能遗漏。

2. 如果程序中某些定时器或计数器的设定值过大，为了缩短调试时间，可以在调试时将它们减小，模拟调试结束后再写入它们的实际设定值。

总结评价

1. 依据世赛相关评分细则，本任务的完成情况评价如表 4-4-4 所示。

表4-4-4　任务评价表

序号	评价项目	评分标准	分值	评分
1	联机调试故障诊断	LED 状态指示灯诊断故障（20 分，每错一处扣 5 分，扣完即止）	60	
		使用 TIA 博途软件的 PG/PC 诊断故障（20 分，每错一处扣 5 分，扣完即止）		
		通过 SIMATIC S7-1500 CPU 自带的显示屏诊断故障（20 分，每错一处扣 5 分，扣完即止）		
2	系统功能演示	手动功能演示正确（20 分，每错一处扣 2 分，扣完即止）	40	
		自动功能演示正确（20 分，每错一处扣 2 分，扣完即止）		

2. 本任务的评价按照世界技能大赛评价标准，采用自评和师评相结合的方式进行，按各模块是否达到要求逐项进行评价，成功得分，否则不得分。具体分值按照评价细则，在各模块设置过程中分步确定。

 拓展学习

一、在 HMI 上通过调用诊断控件实现诊断

SIMATIC S7-1500 的系统诊断功能通过 CPU 的固件实现，所以即使 CPU 处在停止模式下，仍然可以对 PLC 系统进行系统诊断。当同一项目内的 PLC 和 HMI 组态成功后，该功能可以显示在 HMI 设备上，在 SIMATIC HMI 中将"工具箱""控件"目录中的"系统诊断视图"控件添加到 HMI 画面中，PLC 的系统诊断信息就可以在 HMI 设备上显示了。

提示

如果一个 HMI 同时连接了多个 CPU，只需使用一个控件就可对多个 CPU 的诊断信息进行查看。

二、通过 SIMATIC S7-1500 的 Web 服务器功能实现诊断

SIMATIC S7-1500 CPU 内置 Web 服务器，可以通过 IE 浏览器实现对 PLC Web 服务器的访问。在 SIMATIC S7-1500 CPU 属性的"Web 服务器"标签栏下激活 PLC Web 服务器功能、设置访问级别以及使其能访问 Web 服务器的以太网接口。配置完成并下载到 CPU 后，就可以通过网页浏览器访问 SIMATIC S7-1500 的 Web 服务器，在 Web 页面上可以得到相应的 PLC 系统诊断信息。

想一想

文中提到三种诊断信息查看方式，还有别的方式可以实现吗？

 思考与练习

一、思考题

1. 如果 CPU1516 - 3PN/DP 的 RUN/STOP、ERROR、MAINT 三个指示灯都不亮，那么可能发生的故障是什么？

2. 如果在进行断路诊断过程中发生电源电压故障，那么故障信息会体现短路故障吗？

3. 一台 PLC 合上电源时无法将开关拨到 RUN 状态，错误指示灯先闪烁后常亮，断电复位后故障依旧，更换 CPU 模块后运行正常。在进行芯片级维修时更换了 CPU 但故障灯仍然不停闪烁，直到更换了通信模板后功能才恢复正常。请根据上述现象分析该 PLC 可能发生的故障。

二、技能训练题

某企业自动加热生产线的硬件搭建和软件设计部分，分别在模块二、模块三以及本模块中任务1至任务3的技能训练题中逐一实现，请按照手动和自动两种情况进行调试并演示。

提示

有多个设备需要调试时，待单个设备调试完成后，再进行前后机的在线调试。

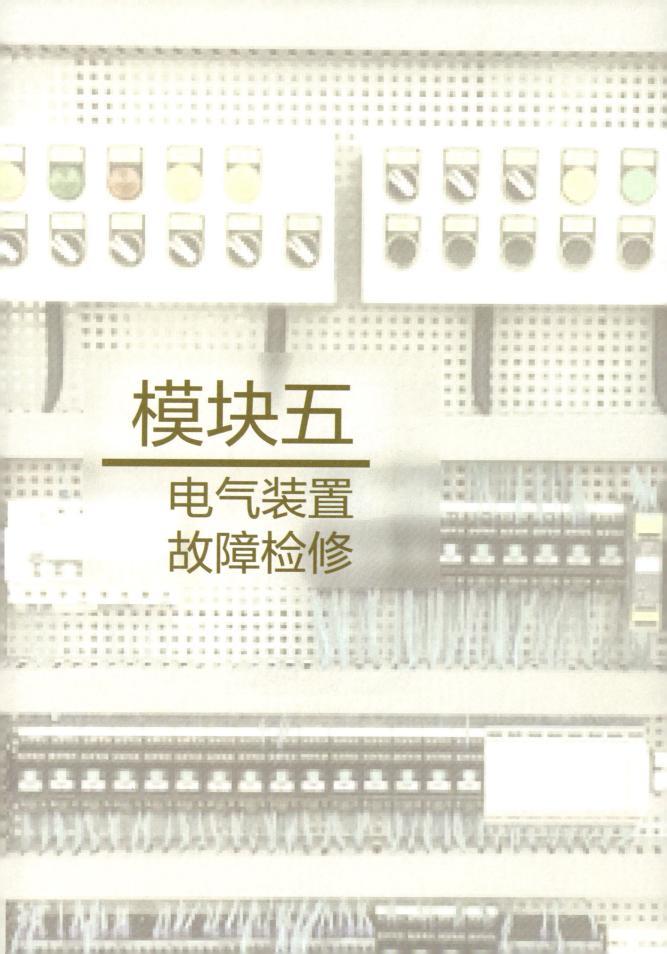

模块五

电气装置故障检修

现代电气控制设备有着很高的可靠性，能够长时间保持无故障状态下的稳定运行，但这并不意味着电气设备就不会发生故障。事实上，当电气设备带负载运行超过一定时间以及由于运行环境的变化等原因必然会出现故障。这时，为了排除设备故障，首先需要对故障现象和故障原因进行分析与诊断，尽快确定设备出现了什么样的故障以及故障出现在何处，然后针对故障类型和位置进行维修，这一故障诊断与维修过程就是电气装置故障检修。

本模块以自动清洗装置为例，通过两个典型任务的学习，掌握对电气控制系统故障进行检修的方法和技能，包括确定故障范围、查找故障点、排除故障、在图纸上标记故障位置和类型等。电气装置故障检修如图 5-0-1 所示。

图 5-0-1　电气装置故障检修

任务 1 自动清洗装置的 卷帘门故障检修

 学习目标

1. 能判断自动清洗装置的卷帘门故障现象。
2. 能根据卷帘门故障现象，在电气原理图中分析故障的范围。
3. 能根据判断的故障范围，结合电气原理图确定故障点。
4. 能排除故障点，并在电气原理图中进行标识。
5. 能在任务实施过程中，养成严谨细致、一丝不苟、精益求精的工匠精神。

 情景任务

自动清洗装置是电气行业中常见的流水线系统，通常由传送带、卷帘门、抽水泵、洒水阀和加热器五部分组成，自动清洗装置示意图如图5-1-1 所示。

卷帘门由直流电动机 MA2 驱动，具有开门和关门功能，可以在极限位置自动停止。卷帘门的常见故障有不能打开和关闭、不能打开或不能关闭等。本任务通过电气故障检修步骤，判断故障现象，分析故障原因，确定故障范围，采用电阻测量法检测排除卷帘门的电气故障。

提示

卷帘门打开和关闭是通过电动机正反转控制来实现。

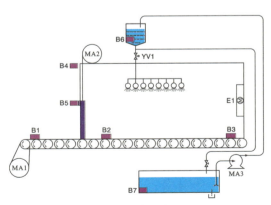

图 5-1-1　自动清洗装置示意图

思路与方法

一、自动清洗装置的卷帘门主电路功能是什么？

卷帘门主电路如图 5-1-2 所示，通过观察和分析，卷帘门电机 MA2 是直流电动机，通过接触器 Q5、Q6 控制电动机的正反转，即卷帘门打开和关闭。

想一想

卷帘门如何实现开门和关门控制？

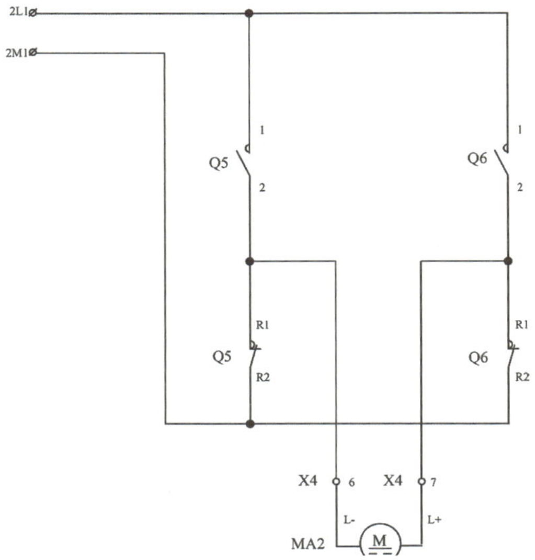

图 5-1-2　卷帘门主电路

二、自动清洗装置的卷帘门控制电路功能是什么？

卷帘门控制电路包括继电器控制电路和接触器控制电路，分清控制电路中各个继电器和接触器的作用，才能理解它们在电路中如何动作和具有何种用途。

想一想

继电器和接触器有什么区别？

如图 5-1-3 所示是卷帘门控制电路，其功能分析如下：

卷帘门打开：按下按钮 S4，继电器 K113 线圈得电使常开触点闭合，接触器 Q5 线圈得电使主触点动作，MA2 电动机正转使卷帘门打开。当上限开关 B4 被压合使常开触点接通，继电器 K14 线圈得电使常闭触点断开，继电器 K113 线圈失电使常开触点复位，接触器 Q5 线圈失电使主触点复位，MA2 电动机失电使卷帘门停止。

卷帘门关闭：按下按钮 S5，继电器 K114 线圈得电使常开触点闭合，接触器 Q6 线圈得电使主触点动作，MA2 电动机反转使卷帘门关闭。当下限开关 B5 被压合使常开触点接通，继电器 K15 线圈得电使常闭触点断开，继电器 K114 线圈失电使常开触点复位，接触器 Q6 线圈失电使主触点复位，MA2 电动机失电使卷帘门停止。

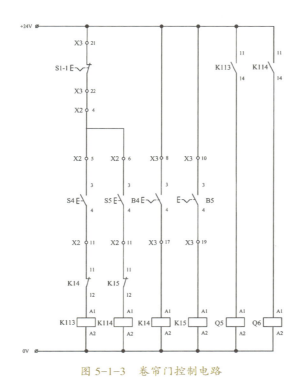

图 5-1-3　卷帘门控制电路

三、自动清洗装置的卷帘门的常见故障现象及故障涉及范围有哪些？

自动清洗装置卷帘门常见故障如表 5-1-1 所示。

表 5-1-1　自动清洗装置的卷帘门的常见故障

故障现象	故障涉及范围
卷帘门不能打开也不能关闭	直流 24V 电源、电动机 MA2 绕组及公共回路导线；连接 Q5、Q6 的直流 24V 导线；直流 24V、手动开关 S1-1 常闭触点及相邻导线
卷帘门不能打开	Q5 常开主触点、Q6 常闭主触点及相邻导线；K113 常开触点、Q5 线圈及相邻导线；S4 常开触点、K14 常闭触点、K113 线圈及相邻导线
卷帘门不能关闭	Q6 常开主触点、Q5 常闭主触点及相邻导线；K114 常开触点、Q6 线圈及相邻导线；S5 常开触点、K15 常闭触点、K114 线圈及相邻导线

四、卷帘门电气故障检修的一般步骤是什么？

1. 故障检查

当自动清洗装置卷帘门发生故障后，切记不要盲目动手检修。在检修前，应通过问、看、听、摸、闻来了解故障前后的操作情况和故障发生后出现的异常现象，根据故障现象判断出故障发生的部位，进而准

想一想

通常情况下你是如何进行故障检修的？

157

确地排除故障。

2. 确定故障范围

对简单的线路可采取每个电气元件，每根连接导线逐一检查的方法找到故障点；对复杂的线路，应根据自动清洗装置卷帘门的工作原理和故障现象，采用逻辑分析法结合外观检查法、通电试验法等来确定故障可能发生的范围。

3. 查找故障点

选择合适的检修方法查找故障点。常用的检修方法有：直观法、电压测量法、电阻测量法、短接法、试灯法、波形测试法等。查找故障必须在确定的故障范围内，顺着检修思路逐点检查，直到找出故障点。

4. 排除故障

针对不同故障情况和部位采取正确的方法修复故障。对更换的新元件要注意尽量使用相同的规格和型号，并进行性能检测，确认性能完好后方可替换。在故障排除中，还要注意避免损坏周围的元件、导线等，防止故障扩大。

5. 通电试车

故障排除后，应重新通电试车，检查清洗装置的各项操作是否符合技术要求。

五、如何用电阻测量法检测排除卷帘门电气故障？

1. 用电阻测量法测量器件的直流电阻值。电气控制中，常用的器件有熔断器、接触器、继电器、按钮、开关等。我们要测量并记录所有接触器、继电器线圈的直流电阻值，以便故障排查时参考。由于这些器件都连接在电路中，可能会有旁路电阻，因此测量时要断开线圈连着电路的一端。

2. 用电阻测量法测量线路的通断情况。用电阻测量法排查故障之前，首先要断开总电源，万用表置于电阻挡或通断挡去测量，一般采用分段测量的方法来检查线路是否有故障。长分段法用于测量某一个支路的通断情况。短分段法用于测量某一个或者几个元件在支路中的通断情况。

一、故障检查

检修前的故障检查包括问、看、听、摸、闻五个方面。

1．问。询问操作者故障前后自动清洗装置的运行状况及故障发生后的症状，如设备是否有异常的响声、冒烟、火花等。故障发生前有无超载或频繁的启动、停止、制动等情况；有无经过保养检修或改动线路等。

2．看。观察故障发生后是否有明显的外观征兆。例如熔断器是否熔断；保护电器是否有脱扣动作；接线是否脱落；触点是否烧蚀或熔焊；线圈是否过热烧毁等。

3．听。在线路还能运行和不扩大故障范围、不损坏设备的前提下通电试车，细听电动机、接触器和继电器等器件的声音是否正常。

4．摸。在刚切断电源后，尽快触摸检查电动机、变压器、电磁线圈及熔断器等，确认是否有过热现象。

5．闻。用鼻子嗅，确认有无焦味，对发生故障的大致方位仔细地嗅，通过嗅电气设备和电气线路是否有焦味，往往能够发现故障点。

二、典型故障分析及检测

1．卷帘门不能打开和关闭

卷帘门打开时，按下按钮 S4，观察接触器 Q5 是否动作；卷帘门关闭时，按下按钮 S5，观察接触器 Q6 是否动作。如果 Q5、Q6 都动作，则是主电路问题，可以检测直流 24V 电源、电动机 MA2 绕组及公共回路导线，故障检测范围如图 5-1-4 所示的红色显示部分。如果 Q5、Q6 都不动作，则是控制电路问题。

提示

设备故障的类型可能是器件故障，也可能是导线故障。

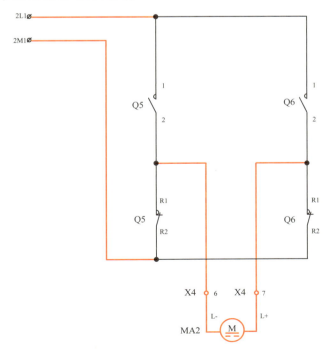

图 5-1-4　Q5、Q6 动作故障检测范围

想一想

该故障涉及哪些元器件的接线端?

再观察继电器 K113、K114 是否都动作。如果 K113、K114 都动作，则是直流 24V 问题，可以检测连接 Q5、Q6 的直流 24V 导线，故障检测范围如图 5-1-5 所示的红色显示部分。

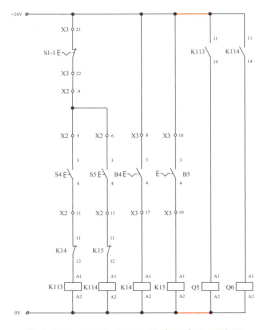

图 5-1-5　K113、K114 动作故障检测范围

如果 K113、K114 都不动作，则是 K113 线圈、K114 线圈公共回路问题，可以检测直流 24V 电源、开关 S1-1 常闭触点及相邻导线，故障检测范围如图 5-1-6 所示的红色显示部分。

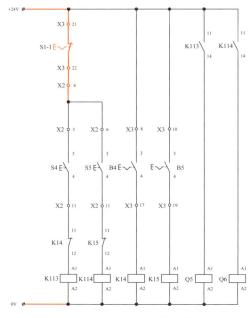

图 5-1-6　K113、K114 不动作故障检测范围

2. 卷帘门不能打开

卷帘门打开时，按下按钮 S4，观察接触器 Q5 是否动作。如果 Q5 动作，则是主电路问题，可以检测 Q5 常开主触点、Q6 常闭主触点及相邻导线，故障检测范围如图 5-1-7 所示的红色显示部分。如果 Q5 不动作，则是控制电路问题。

做一做

检验接触器主触点的好坏。

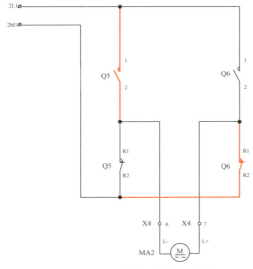

图 5-1-7　Q5 动作故障检测范围

再观察继电器 K113 是否动作。如果 K113 动作，则是 Q5 线圈回路问题，可以检测 K113 常开触点、Q5 线圈及相邻导线，故障检测范围如图 5-1-8 所示的红色显示部分。

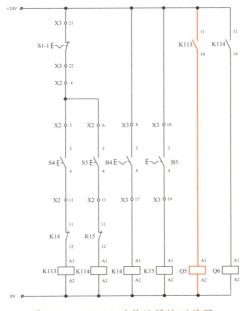

图 5-1-8　K113 动作故障检测范围

如果 K113 不动作，则是 K113 线圈回路问题，可以检测 S4 常开触点、K14 常闭触点、K113 线圈及相邻导线，故障检测范围如图 5-1-9 所示的红色显示部分。

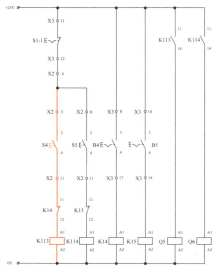

图 5-1-9　K113 不动作故障检测范围

三、故障标记

故障点确认后，需要在图纸上标记故障编号、位置和类型。故障编号表示故障点的顺序，故障位置标记要体现故障点的准确性，故障类型标记要注明短路故障（SC）还是开路故障（OC）。假如第一个故障点是 K14 常闭触点到 K113 线圈的导线开路，第二个故障点是 K113 常开触点短路，故障标记方法如图 5-1-10 所示的红色显示部分。

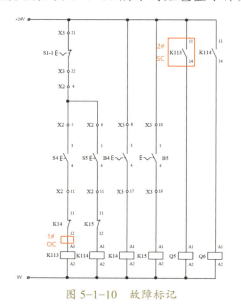

图 5-1-10　故障标记

 **总结评价**

1. 依据世赛相关评分细则，本任务的完成情况评价标准如表 5-1-2 所示。

表 5-1-2 任务评价表

序号	评价项目	评分标准	分值	评分
1	判别故障现象	两个完全正确，不扣分； 一个完全正确，一个基本正确，扣 5 分； 两个基本正确或一个完全正确，一个错误，扣 10 分； 一个基本正确，一个错误，扣 15 分； 两个错误或不会判别，扣 20 分	20	
2	分析故障原因	两个完全正确，不扣分； 一个完全正确，一个基本正确，扣 10 分； 两个基本正确或一个完全正确，一个错误，扣 20 分； 一个基本正确，一个错误，扣 30 分； 两个错误或不会分析，扣 40 分	40	
3	排除故障	两个故障 1 次排除，不扣分； 两个故障经 1 次返工排除，扣 10 分； 两个故障经 2 次返工排除，扣 20 分； 两个故障经 2 次返工未排除或不能排除，扣 30 分	30	
4	规范操作	安全文明规范操作，不扣分。 不规范操作未损坏设备、仪器或仪表，扣 5 分。 不规范操作损坏设备、仪器或仪表，扣 10 分	10	

做一做

自行记录故障点的排查时间，进一步总结排查方法。

2. 本任务的评价采用自评和师评相结合的方式进行，以是否达到要求为评价标准，完成得分，否则不得分。

 **拓展学习**

一、常用的故障检测方法与工具

测量法是电气维修人员工作中用来准确确定故障点的一种行之有

效的检查方法。常用的测量工具和仪表有校验灯、测电笔、万用表、钳形电流表、兆欧表等，通过对电路进行带电或断电时的有关参数如电压、电阻、电流等的测量，来判断电气元件的好坏、设备的绝缘情况及线路的通断情况等。

在用测量法检查故障点时，一定要保证测量工具和仪表完好，使用方法正确，还要注意防止感应电、回路电及其他并联支路的影响，以免产生误判断。

二、应用短接法查找故障点

短接法是用一根绝缘良好的导线，把所怀疑的断路部位短接，如果短接后电路被接通，就说明该处断路。这种方法是检查线路断路故障的一种简便可靠的方法。短接法包括局部短接法和长短接法。此处介绍局部短接法查找故障点。

用局部短接法检查故障的做法如图 5-1-11 所示。按下开门按钮 S4，若继电器 K113 不动作，说明电路有故障。检查前，先用万用表测量 a、d 两点间的电压，若电压正常，可按下 S4 不放，然后用一根绝缘良好的导线分别短接标号相邻的两点 a、b 或 b、c（注意绝对不能短接 c、d 两点，否则会造成电源短路），当短接某两点时，继电器 K113 动作，即说明故障点在该两点之间，见表 5-1-3。

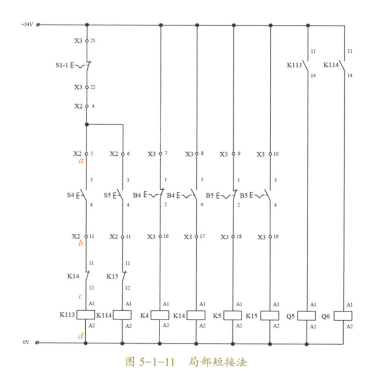

图 5-1-11　局部短接法

表 5-1-3　用局部短接法查找故障点

故障现象	测试状态	短接点标号	电路状态	故障点
按下 S4， K113 不动作	按下 S4 不放	a、b b、c	K113 动作 K113 动作	S4 常开触点接触不良 K14 常闭触点接触不良

想一想

用局部短接法应注意哪些问题？可否一次短接两个元件？

思考与练习

一、思考题

1. 请描述卷帘门电气故障检修的步骤。

2. 本任务中卷帘门采用直流电动机正反转来实现开关控制，电路中是如何实现互锁的？

3. 本任务中卷帘门采用限位开关来实现位置控制，如果改用传感器是否可以实现以上功能？其优缺点各有哪些？

二、技能训练题

如果自动清洗装置中卷帘门不能关闭，请根据故障现象分析故障原因，通过电阻测量法确定故障位置。

任务 2　自动清洗装置的
传送带故障检修

学习目标

1. 能判断自动清洗装置传送带的故障现象。
2. 能根据传送带故障现象，在电气原理图中分析故障的范围。
3. 能根据判断的故障范围，结合电气原理图确定故障点。
4. 能排除故障点，并在电气原理图中进行标识。
5. 能在任务实施过程中，养成严谨细致、一丝不苟、精益求精的工匠精神。

情景任务

想一想

传送带如何实现变速控制？

　　自动清洗装置的传送带由直流电动机 MA1 驱动，可使工件在传送带上左右移动和高低速运行；传送带两边和中间有限位开关，可以实现不同方向或变速控制。传送带的常见故障有传送带不能前进、不能后退或不能前进后退等。

　　本任务根据传送带出现的故障现象，分析故障原因，确定故障范围，并采用电压测量法检测、排除传送带的电气故障。

思路与方法

一、自动清洗装置传送带的主电路功能是什么？

　　传送带主电路如图 5-2-1 所示，通过观察和分析，传送带电机 MA1 是直流电动机，通过接触器 Q1、Q2 控制电动机的正反转，即传送带前进和后退。通过接触器 Q3、Q4 控制电动机的高低速转动。

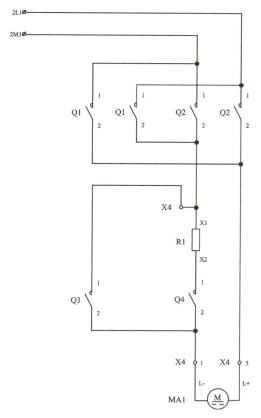

图 5-2-1　传送带主电路

二、自动清洗装置传送带的控制电路功能是什么?

传送带控制电路包括继电器控制电路和接触器控制电路,分清控制电路中各个继电器和接触器的作用,才能理解它们在电路中如何动作和具有何种用途。

如图 5-2-2 所示是传送带控制电路,原理分析如下。

传送带前进:右限开关 B3 未受压,B3 触点如图所示,继电器 K3 线圈得电使常开触点闭合,按下按钮 S2,继电器 K111 线圈得电使常开触点闭合,接触器 Q1、Q3 线圈得电使主触点闭合,电动机 MA1 正转全压运行使传送带高速前进。当传送带前进到右限开关 B3 受压,B3 常闭触点断开,继电器 K3 线圈失电使常开触点复位,继电器 K111 线圈失电使常开触点复位,接触器 Q1、Q3 线圈失电使主触点复位,电动机 MA1 停止。

传送带后退:左限开关 B1 未受压,B1 触点如图所示,继电器 K1 线圈得电使常开触点闭合,按下按钮 S3,继电器 K112 线圈得电使常开触点闭合,接触器 Q2、Q4 线圈得电使主触点闭合,电动机 MA1 反转降压运行使传送带低速后退。当传送带后退到左限开关 B1 受压,B1 常闭触点

想一想

自动清洗装置限位开关可以用哪种传感器来替代?

断开,继电器 K1 线圈失电使常开触点复位,继电器 K112 线圈失电使常开触点复位,接触器 Q2、Q4 线圈失电使主触点复位,电动机 MA1 停止。

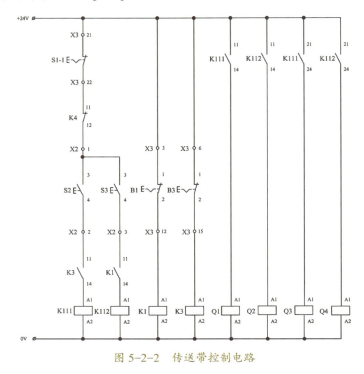

图 5-2-2　传送带控制电路

三、自动清洗装置传送带的常见故障现象及故障涉及范围有哪些?

自动清洗装置传送带常见故障如表 5-2-1 所示。

想一想

你能根据故障现象分析故障原因吗?

表 5-2-1　自动清洗装置传送带常见故障

故障现象	故障涉及范围
传送带不能前进和后退	直流 24V、电动机 MA1 绕组及公共回路导线;连接 Q1、Q2 的直流 24V 导线;直流 24V、手动开关 S1-1 常闭触点及相邻导线
传送带不能前进	Q1、Q3 常开主触点及相邻导线;K111 常开触点、Q1、Q3 线圈及相邻导线;S2 常开触点、K3 常开触点、K111 线圈及相邻导线
传送带不能后退	Q2、Q4 常开主触点及相邻导线;K112 常开触点、Q2、Q4 线圈及相邻导线;S3 常开触点、K1 常开触点、K112 线圈及相邻导线

四、自动清洗装置传送带的故障检修步骤是什么?

1. 故障检查

当自动清洗装置传送带发生故障后,切记不要盲目动手检修。应先询问故障情况,在条件允许的情况下进一步观察故障现象。

2. 确定故障范围

针对自动清洗装置传送带的工作原理和故障现象,采用逻辑分析法结合外观检查法、通电试验法等来确定故障可能发生的范围。

3. 查找故障点

电源是电路正常工作的必要条件，所以当电路中出现故障时，应首先检测电源部分。如果电源电压不正常，应重点检查电源电路和负载电路是否存在开路或者短路故障。在通常情况下，如果电源部分有开路故障，如熔断器烧断，电源就没有电压输出；如果负载出现短路故障，电源电压会降低。检查电力拖动控制线路时，把万用表选择开关转到 500V 交流电压挡上。

4. 排除故障

针对不同故障情况和部位采取正确的方法修复故障。对更换的新元件要注意尽量使用相同规格、型号，并进行性能检测，确认性能完好后才方可替换。在故障排除中，还要注意避免损坏周围的元件、导线等，防止故障扩大。

5. 通电试车

故障排除后，应重新通电试车、检查自动清洗装置的各项操作是否符合技术要求。

五、什么是电压测量法？

电压测量法是指利用仪表测量线路上某点的电压值来判断电气故障点的范围或元器件故障的方法，也叫电压法。电压测量方法可分为分阶段测量法和分段测量法。

六、如何用电压测量法检测排除传送带电气故障？

电路正常工作时，电路中各点的工作电压都有一个相对稳定的正常值或动态变化的范围。如果电路中出现短路故障、开路故障或元器件性能参数发生改变时，该电路中的工作电压也会随之改变。所以，电压测量法就能通过检测电路中某些关键点的工作电压有或者没有、偏大或者偏小、动态变化是否正常，根据不同的故障现象，结合电路的工作原理进行分析，找出故障的原因。

提示

电气故障检修步骤很重要，大家要熟记于心。

 活动

一、故障检查

检修前先对自动清洗装置进行故障检查。故障检查的方法要按故

障情况灵活掌握，有时可以让电动机上电短时运转，直接观察故障情况，再进行分析研究。有时电机不能上电，可通过仪表测量或观察来分析判断，测量并仔细观察线路情况，找出其故障所在。

二、典型故障分析及检测

传送带出现的主要故障有：传送带不能前进、不能后退或不能前进后退。故障分析及检测方法如下：

1. 传送带不能前进

传送带前进时，按下按钮 S2，先观察接触器 Q1、Q3 是否动作。如果 Q1、Q3 都动作，则是主电路问题，可以检测 Q1、Q3 常开主触点及相邻导线，故障检测范围如图 5-2-3 所示的红色显示部分。如果 Q1、Q3 都不动作，则是控制电路问题。

想一想

Q1、Q2 在电路中的作用是什么？

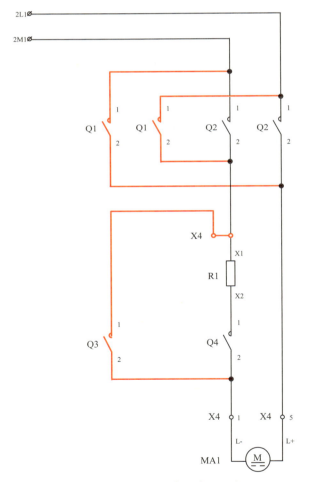

图 5-2-3 Q1、Q3 动作故障检测范围

再观察继电器 K111 是否动作。如果 K111 动作，则是接触器 Q1、

Q3 线圈回路问题，可以检测 K111 常开触点、Q1、Q3 线圈及相邻导线，故障检测范围如图 5-2-4 所示的红色显示部分。如果 K111 不动作，则是继电器 K111 线圈回路问题，可以检测 S2 常开触点、K3 常开触点、K111 线圈及相邻导线，故障检测范围如图 5-2-5 所示的红色显示部分。

想一想

该故障涉及哪些元器件的接线端？

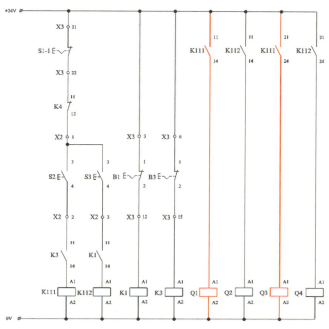

图 5-2-4　K111 动作故障检测范围

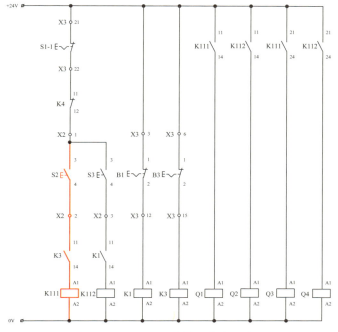

图 5-2-5　K111 不动作故障检测范围

171

2. 传送带不能后退

传送带后退时，按下按钮 S3，先观察接触器 Q2、Q4 是否动作。如果 Q2、Q4 都动作，则是主电路问题，可以检测 Q2、Q4 常开主触点及相邻导线，故障检测范围如图 5-2-6 所示的红色显示部分。如果 Q2、Q4 都不动作，则是控制电路问题。

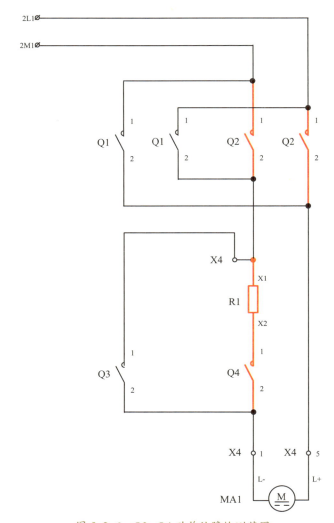

图 5-2-6　Q2、Q4 动作故障检测范围

再观察继电器 K112 是否动作。如果 K112 动作，则是接触器 Q2、Q4 线圈回路问题，可以检测 K112 常开触点、Q2、Q4 线圈及相邻导线，故障检测范围如图 5-2-7 所示的红色显示部分。如果 K112 不动作，则是继电器 K112 线圈回路问题，可以检测 S3 常开触点、K1 常开触点、K112 线圈及相邻导线，故障检测范围如图 5-2-8 所示的红色显示部分。

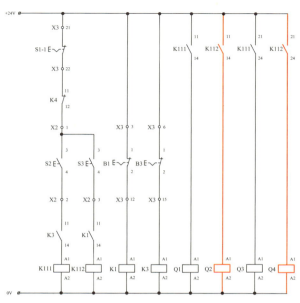

图 5-2-7　K112 动作故障检测范围

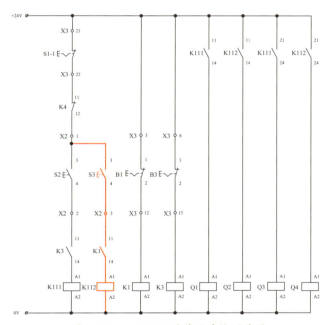

图 5-2-8　K112 不动作故障检测范围

三、故障标记

　　故障点确认后,依旧需要在电气原理图中标记故障编号、位置和类型,故障位置标记要体现故障点的准确性,故障类型标记要注明短路故障(SC)还是开路故障(OC)。假如第一个故障点是 S1-1 常闭触点短路，第二个故障点是 K112（21—24）到 Q4 线圈的导线开路，故障标记方法如图 5-2-9 所示的红色部分。

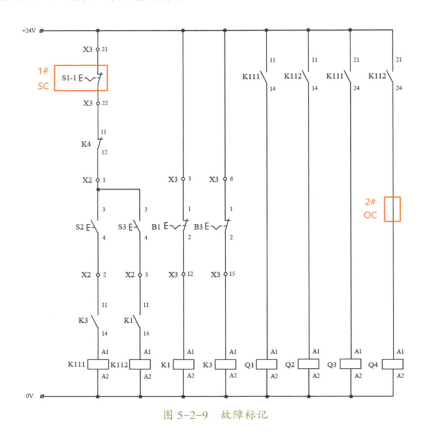

图 5-2-9　故障标记

 **总结评价**

　　1. 依据世赛相关评分细则，本任务的完成情况评价标准如表 5-2-2 所示。

表 5-2-2　任务评价表

序号	评价项目	评分标准	分值	评分
1	判别故障现象	两个完全正确，不扣分； 一个完全正确，一个基本正确，扣 5 分； 两个基本正确或一个完全正确，一个错误，扣 10 分； 一个基本正确，一个错误，扣 15 分； 两个错误或不会判别，扣 20 分	20	

（续表）

序号	评价项目	评分标准	分值	评分
2	分析故障原因	两个完全正确，不扣分； 一个完全正确，一个基本正确，扣 10 分； 两个基本正确或一个完全正确，一个错误，扣 20 分； 一个基本正确，一个错误，扣 30 分； 两个错误或不会分析，扣 40 分	40	
3	排除故障	两个故障 1 次排除，不扣分； 两个故障经 1 次返工排除，扣 10 分； 两个故障经 2 次返工排除，扣 20 分； 两个故障经 2 次返工未排除或不能排除，扣 30 分	30	
4	规范操作	安全文明规范操作，不扣分。 不规范操作未损坏设备、仪器或仪表，扣 5 分。 不规范操作损坏设备、仪器或仪表，扣 10 分	10	

想一想

安全文明操作应注意哪些问题？

2. 本任务的评价采用自评和师评相结合的方式进行，以是否达到要求为评价标准，完成得分，否则不得分。

 拓展学习

应用长短接法查找故障点

长短接法是一次短接两个或两个以上触点来检查故障的方法，用长短接法检查故障的方法如图 5-2-10 所示。当 SB1-1 的常闭触点和 K4 的常闭触点同时接触不良时，若用局部短接法短接 b、c 点，按下 SB1-1，K111 仍不能动作，则可能造成判断错误。而用长短接法将 a、e 两点短接，如果 K111 动作，则说明 a—e 这段电路上有断路故障，然后再用局部短接法逐段找出故障点。

长短接法的另一个作用是可把故障范围缩小到一个较小的范围。例如，第一次先短接 c、e 两点，如果 K111 不吸合，再短接 a—c 两点，K111 吸合，说明故障在 a、c 范围内。可见，如果长短接法和局部短接法结合使用，很快就能找出故障点。

想一想

可否将 e、f 短接？为什么？

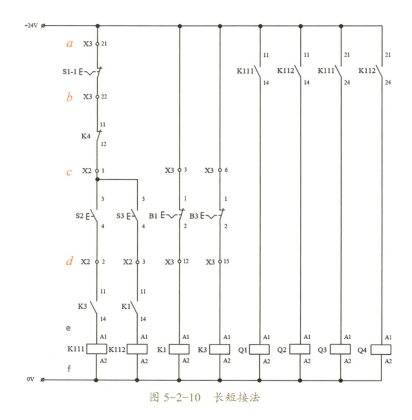

图 5-2-10　长短接法

 思考与练习

一、思考题

1. 本任务中传送带如何通过直流电动机实现高低速控制？

2. 故障检测除了常用的电阻测量法、电压测量法，还有哪些测量方法？

3. 故障点确认后，在图纸上如何标记？

二、技能训练题

如果自动清洗装置中传送带不能前进和后退，请根据故障现象分析故障原因，通过电压测量法确定故障位置。

附录 《工业控制》职业能力结构

模块	任务	职业能力	主要知识
1. 电气控制线路设计与改进	1. 加工生产线控制电路流程分析	1. 能熟练使用气动仿真软件，打开、编辑测试给定模板； 2. 能根据给出的系统结构图和运动顺序图分析工业生产线设备的工作流程； 3. 能根据给出的气动原理图分析生产线气动回路工作原理； 4. 能根据给出的控制功能图分析工业生产线控制电路工作原理，分析并记录相应状态	1. 系统结构图和运动顺序图的识读与分析方法； 2. 气动原理图识读与分析方法； 3. 控制功能图识读与分析方法； 4. 传感器、限位开关等连接图识读与分析方法； 5. 给定控制模板和气动回路调试方法
	2. 电气控制电路设计、调试及改进	1. 能根据电气控制电路设计规则、工艺流程和给定控制模板，设计、编写主电路控制程序； 2. 能根据电气控制电路设计规则、工艺流程和设计好的主电路控制程序，设计、编写手动控制电路及自动控制电路程序； 3. 能根据给定的工艺流程，正确调试电路的手动控制流程程序和自动控制流程程序	1. 电气控制电路设计规则和编程方法； 2. 气动回路主电气控制线路设计与编程方法； 3. 继电控制电路设计与编程方法； 4. 手动控制流程电路调试与修正方法； 5. 自动控制流程电路调试与修正方法
2. 电气控制柜的加工与安装	1. 电气控制柜柜体的孔加工	1. 能熟练识读柜体器件布置图； 2. 能根据任务要求，正确准备防护装备、设备、材料及工具； 3. 能熟练掌握电气控制柜柜体的开孔操作与开孔工艺要求； 4. 能熟练掌握各类专用工具的使用方法与技巧	1. 控制柜柜体施工图纸及相关技术文件的识读方法； 2. 安全用电操作规范； 3. 专用工具的使用方法与技巧； 4. 电气控制柜加工方法与技巧
	2. 电气盘、柜型材加工与器件安装	1. 能熟练识读柜体布置图、电气盘面布置图以及电气原理图等技术文件； 2. 能根据任务要求，正确准备防护装备、设备、材料及工具； 3. 能熟知电气控制柜内的型材加工工艺及操作技巧； 4. 能熟练掌握电气盘、柜的安装规范； 5. 能熟练掌握各类专用工具的使用方法与技巧	1. 电气控制器件原理图、元件布置图和安装接线图的识读方法； 2. 专用工具的使用方法与技巧； 3. 电气控制柜的盘、柜器件安装方法与技巧

模块	任务	职业能力	主要知识
	3．电气控制柜内线路加工与连接	1．能熟练识读柜内电气接线图及端子功能图； 2．能根据任务要求，正确准备防护装备、设备、材料及工具； 3．能熟练掌握导线、电缆、工业以太网网线加工方法与工艺； 4．能熟练掌握柜内各类线路连接工艺与方法	1．电气控制柜柜内接线图的识读方法； 2．专用电工工具使用方法与技巧； 3．电气控制柜柜内接线方法与技巧
3．自动控制中心搭建	1．现场墙面型材、器件的加工与安装	1．能熟练识读现场墙面器件安装图； 2．能根据任务要求，正确准备防护装备、设备、材料及工具； 3．能熟练掌握各类型材的加工技巧与方法； 4．能熟练掌握现场墙面器件定位方法与安装技巧	1．现场墙面安装图的识读方法； 2．墙面器件定位方法与技巧； 3．型材加工方法、工艺及技巧； 4．墙面器件安装方法与技巧
	2．现场墙面器件线路的连接与敷设	1．能熟练识读电气设备接线端子图与电缆清单； 2．能根据任务要求，正确准备防护装备、设备、材料及工具； 3．能熟练掌握现场墙面线路的连接与敷设工艺要求； 4．能熟练掌握现场墙面器件的接地规则	1．现场墙面电缆线路清单的识读方法； 2．各类电缆接头制作方法与技巧； 3．现场墙面电缆敷设方法、工艺与技巧
	3．上电安全测试	1．能识读上电安全测试清单； 2．能根据国家相关的规程及技术标准正确使用仪器仪表与电工工具； 3．能根据测试清单要求完成系统低阻、隔离、电压及硬件功能测试； 4．能独立记录各类上电安全测试的数据	1．上电安全测试清单识读方法； 2．系统低阻、隔离、电压及硬件功能测试方法； 3．上电安全测试报告的撰写方法
4．编程与调试	1．PLC控制系统硬件组态	1．能熟练使用相关软件，创建、编辑项目； 2．能准确选用PLC控制系统各模块硬件型号，熟练完成PLC硬件配置； 3．能理解PROFINET网络，完成PLC、变频器、分布式I/O及人机界面（HMI）各项参数设置及通信设置； 4．能正确实现系统硬件组态	1．系统硬件型号确认方法； 2．系统硬件配置方法； 3．系统通信设置方法； 4．系统硬件组态方法

模块	任务	职业能力	主要知识
4．编程与调试	2．PLC程序设计	1．能根据控制功能，实现功能点测试； 2．能根据控制要求，完成主程序设计； 3．能根据控制要求，完成手动功能程序设计； 4．能根据控制要求，完成自动功能程序设计	1．功能点测试方法； 2．梯形图编程方法； 3．GRAPH编程方法
	3．人机界面设计与组态	1．能根据任务要求，绘制人机界面（HMI）； 2．能根据控制要求，实现人机界面（HMI）变量创建； 3．能根据控制要求，实现人机界面（HMI）系统函数设置； 4．能根据控制要求，实现人机界面（HMI）画面组态	1．人机界面绘制基本方法； 2．人机界面变量创建方法； 3．人机界面系统函数设置方法； 4．人机界面画面组态方法
	4．PLC控制系统综合调试	1．能根据设备调试规范，对PLC、人机界面、变频器、传感器等进行调试； 2．能根据联机调试故障诊断结果，解决调试过程中出现的故障； 3．能根据设备调试规范，联机调试达到控制功能； 4．能向用户或专家演示功能	1．故障诊断方法； 2．联机调试方法； 3．系统功能演示方法
5．电气装置故障检修	1．自动清洗装置的卷帘门故障检修	1．能指出自动清洗装置的卷帘门的故障现象； 2．能根据卷帘门故障现象，分析在电气原理图中的故障范围； 3．能根据判断的故障范围，结合电气原理图确定故障点； 4．能排除故障点，并在原理图中进行标识	1．卷帘门故障检修步骤； 2．卷帘门故障检测方法； 3．卷帘门故障分析及检测方法； 4．卷帘门故障标记方法
	2．自动清洗装置的传送带故障检修	1．能指出自动清洗装置的传送带的故障现象； 2．能根据传送带故障现象，分析在电气原理图中的故障范围； 3．能根据判断的故障范围，结合电气原理图确定故障点； 4．能排除故障点，并在原理图中进行标识	1．传送带故障检修步骤； 2．传送带故障检测方法； 3．传送带故障分析及检测方法； 4．传送带故障标记方法

编写说明

　　《工业控制》世赛项目转化教材是上海市高级技工学校联合本市相关院校、企业及行业专家，按照市教委教学研究室世赛项目转化教材研究团队提出的总体编写理念、教材结构设计要求，共同完成编写。本教材可作为职业院校电气自动化技术相关专业的拓展和补充教材，建议可在主要专业课程、专业综合实训或顶岗实践教学活动中使用，也可作为相关技能职业培训教材。

　　本书由上海市高级技工学校万军担任主编，负责工业控制世赛标准分析、教材内容设计以及教材开发的组织协调，张蕊、郑昊、马东玲担任副主编。教材具体编写分工：万军撰写教材介绍、附件等，牟智刚撰写模块一，郑昊撰写模块二、模块三，马东玲、解大琴撰写模块四，江山、刘建华撰写模块五，张蕊统筹数字化资源开发。全书由万军、张蕊统稿。

　　在编写过程中，得到上海市教委教研室谭移民老师的悉心指导，以及上海电气上海锅炉厂有限公司高级技师金德华、上海理工大学沈倪勇、上海电气自动化设计研究所有限公司马丹等多位专家的建议与帮助和上海优信教育科技有限公司项目团队的文字调整、图片编辑、照片视频拍摄等支持，在此一并表示衷心感谢。

　　欢迎广大师生、读者提出宝贵意见和建议。

图书在版编目（CIP）数据

工业控制 / 万军主编. — 上海：上海教育出版社，
2022.8
ISBN 978-7-5720-1614-1

Ⅰ.①工… Ⅱ.①万… Ⅲ.①工业控制系统 – 职业教
育 – 教材 Ⅳ.①TB4

中国版本图书馆CIP数据核字(2022)第154758号

责任编辑　公雯雯
书籍设计　王　捷

工业控制
万　军　主编

出版发行　上海教育出版社有限公司
官　　网　www.seph.com.cn
地　　址　上海市闵行区号景路159弄C座
邮　　编　201101
印　　刷　上海普顺印刷包装有限公司
开　　本　787×1092　1/16　印张 12
字　　数　262 千字
版　　次　2022年8月第1版
印　　次　2022年8月第1次印刷
书　　号　ISBN 978-7-5720-1614-1/G·1499
定　　价　42.00 元

如发现质量问题，读者可向本社调换　电话：021-64373213